Hermann von Helmholtz
Abhandlungen zur Thermodynamik

SEVERUS

von Helmholtz, Hermann: Abhandlungen zur Thermodynamik
Hamburg, SEVERUS Verlag 2013
Nachdruck der Originalausgabe von 1902

ISBN: 978-3-86347-512-3
Druck: SEVERUS Verlag, Hamburg, 2013

Der SEVERUS Verlag ist ein Imprint der Diplomica Verlag GmbH.

Bibliografische Information der Deutschen Nationalbibliothek:
Die Deutsche Nationalbibliothek verzeichnet diese Publikation in der Deutschen Nationalbibliografie; detaillierte bibliografische Daten sind im Internet über http://dnb.d-nb.de abrufbar.

© SEVERUS Verlag
http://www.severus-verlag.de, Hamburg 2013
Printed in Germany
Alle Rechte vorbehalten.

Der SEVERUS Verlag übernimmt keine juristische Verantwortung oder irgendeine Haftung für evtl. fehlerhafte Angaben und deren Folgen.

Abhandlungen

zur

Thermodynamik

Von

H. Helmholtz

Herausgegeben

von

Dr. Max Planck

Professor der theoretischen Physik an der Universität Berlin

SEVERUS

MIX
Papier aus verantwortungsvollen Quellen
Paper from responsible sources
FSC® C105338

Inhalt.

Seite

I. Ueber galvanische Ströme, verursacht durch Concentrations-Unterschiede; Folgerungen aus der mechanischen Wärmetheorie (1877) 3

II. Die Thermodynamik chemischer Vorgänge (1882) 17

III. Zur Thermodynamik chemischer Vorgänge. Zweiter Beitrag. Versuche an Chlorzinkelementen (1882) 37

IV. Zur Thermodynamik chemischer Vorgänge. Dritter Beitrag. Folgerungen, die galvanische Polarisation betreffend (1883) 51

Ueber galvanische Ströme, verursacht durch Concentrations-Unterschiede; Folgerungen aus der mechanischen Wärmetheorie.

Von
H. Helmholtz.

(Monatsberichte der kgl. preuss. Akad. der Wissensch. Berlin 1877. S. 713—726.)

Als elektrochemisches Aequivalent eines Ion wollen wir diejenige Menge desselben betrachten, die durch die gewählte Stromeinheit in der Zeiteinheit an der entsprechenden Elektrode ausgeschieden wird.

Die Ueberführungszahl n, auf das Kation bezogen (*Hittorf*'s $\frac{1}{n}$), giebt, wie in *G. Wiedemann*'s »Galvanismus«, denjenigen Bruchtheil des Aequivalents des betreffenden Kation, der von der Stromeinheit während der Zeiteinheit durch jeden Querschnitt der Strombahn in der betreffenden Lösung nach der Kathode hingeführt wird. Andererseits wandert in entgegengesetzter Richtung das Quantum $(1-n)$ des Anion, wodurch $(1-n)$ des Kation an der Kathode frei wird, was mit der Menge n nach dieser Seite geführten Kations vereinigt, die an der Kathode frei werdende Menge 1 giebt. Ebenso ist auf der andern Seite das Quantum n des Kation weggeführt, dadurch n des Anion frei geworden. Dazu kommt $(1-n)$ des zugeführten Anion. Wenn nun das Kation ein Metall ist, welches sich an die Elektrode ablagern kann, so schwindet dort[1]) $(1-n)$ des Metalls aus der Lösung und $(1-n)$ des salzbildenden sauren Körpers ist weggeführt worden, also wird ebenda $(1-n)$ des Salzes weggenommen. Andererseits[2]) verbindet sich das frei

1*

werdende Anion mit dem Metall der Elektrode und es tritt also 1 Aequivalent Metall hier neu in die Lösung, während n des Metalls fortgeführt und $(1 - n)$ des Anion zugeführt ist. Dies giebt hier eine Vermehrung der Salzmenge um $(1 - n)$ des Aequivalents für Zeiteinheit und Stromeinheit. Ist das Metall der Elektrode gleich demjenigen, welches in der Lösung enthalten ist, so ist das ganze Resultat der Elektrolyse dasselbe, als wenn ein Aequivalent Metall von der Anode an die Kathode, und $(1 - n)$ Aequivalent Salz in der Lösung von der Kathode zur Anode geführt wäre.

Wenn nun die Salzlösung an der Kathode concentrirter ist als an der Anode, so werden durch diese Ueberführung die Unterschiede der Concentration ausgeglichen. Die Flüssigkeit nähert sich dabei dem Gleichgewichtszustande, dem die Anziehungskräfte zwischen Wasser und Salz auch in den Vorgängen der Diffusion zustreben, nämlich dem Zustande gleichmässiger Vertheilung des Salzes. Also werden die in dieser Richtung wirkenden chemischen Kräfte ihrerseits auch wiederum den elektrischen Strom, der in ihrem Sinne wirkt, unterstützen können.

Dass nun die hierbei eintretende Arbeit der chemischen Kräfte in diesem Falle nach demselben Gesetze wie andere elektrolytische chemische Processe als elektromotorische Kraft wirkt, lässt sich aus der mechanischen Wärmetheorie herleiten.

Einen reversiblen Process ohne Temperaturänderungen,[3] wie er zur Anwendung des *Carnot*'schen Gesetzes gefordert wird, können wir in folgender Weise herstellen:

1) Wir lassen in die Anode das Quantum positiver Elektricität E langsam in constantem Strome eintreten, nehmen aus der Kathode dagegen das Quantum $+ E$ weg, oder, was zu demselben Resultat führt, wir lassen $+ \frac{1}{2}E$ in die Anode ein-, $- \frac{1}{2}E$ austreten, umgekehrt an der Kathode.[4] Wenn P_k und P_a die Werthe der [715] elektrostatischen Potentialfunction für die beiden Elektroden sind, so ist

$$E\{P_a - P_k\}$$

die Arbeit, welche geleistet werden muss, um diese Durchströmung zu bewerkstelligen. Ist die Dauer der Durchströmung gleich t, so ist die Stromintensität nach elektrostatischem Maass gegeben durch die Gleichung

$$Jt = E.$$

2) Unter Einfluss dieser Durchströmung kommt in der elektrolytischen Zelle, die wir mit zwei gleichartigen Metallelektroden versehen und mit einer Lösung desselben Metalls von ungleichmässiger Concentration gefüllt denken, eine Ueberführung des Salzes im Elektrolyten zu Stande. Die Veränderung, die hierdurch im Zustande der Flüssigkeit entsteht, können wir aber dadurch beseitigen, dass wir aus allen Schichten der Flüssigkeit, wo der Strom die Flüssigkeit verdünnt, soviel Wasser, als zugeführt wird, verdampfen lassen; umgekehrt, wo der Strom die Flüssigkeit concentrirt, die entsprechende Menge Wasser durch Niederschlag von Dämpfen zuführen. Wenn man in dieser Weise den Zustand innerhalb der Flüssigkeit vollkommen constant erhält, so muss das Anion ganz an seiner Stelle bleiben, weil sich von diesem an keinem Ende etwas ausscheidet und nichts dazukommt.[5]) Vom Kation dagegen muss durch jeden Querschnitt der Strombahn eine der Stromstärke vollkommen äquivalente Menge gehen, da an der Anode ein volles Aequivalent aufgelöst, an der Kathode niedergeschlagen wird. Da nun die Verschiebung des Anion gegen das Wasser sich zu der des Kation gegen das Wasser wie $(1-n):n$ verhält, so muss das Wasser mit einer Geschwindigkeit vorwärts gehen, welche $(1-n)$ von der des Kation beträgt. Wenn also 1 elektrolytisches Aequivalent des Salzes verbunden ist mit q Gewichtstheilen Wasser, und durch ein Flächenstück $d\omega$ der Strom von der Dichtigkeit i die Quantität $id\omega$ des Kation, in Aequivalenten ausgedrückt, führen soll, so müssen durch dasselbe $q \cdot (1-n)id\omega$ Gewichtstheile Wasser gehen, um die Theile des Anion an ihrer Stelle zu erhalten.

Diese $q(1-n)i \cdot d\omega$ betragende Menge Wasser führt mit sich als aufgelöste Bestandtheile $(1-n)i \cdot d\omega$ Aequivalente des Kation [**716**] sowohl als des Anion. Die Elektrolyse treibt durch denselben Querschnitt $n \cdot i \cdot d\omega$ des Kation vorwärts und $(1-n)i \cdot d\omega$ des Anion rückwärts, daher in Summa ein Aequivalent des Kation vorwärts geht und das Anion an seiner Stelle bleibt.

Wenn wir also mit u, v, w die Componenten der elektrischen Strömung parallel den x, y, z bezeichnen, berechnet nach der Menge Elektricität, die in der Zeiteinheit die Einheit der Fläche passirt: so ist die Zunahme der Wassermenge in dem Volumenelemente dx, dy, dz nach bekannten hydrostatischen Gesetzen für die Zeiteinheit [6])

$$-\left\{\frac{\partial}{\partial x}[q(1-n)u] + \frac{\partial}{\partial y}[q(1-n)v] + \frac{\partial}{\partial z}[q(1-n)w]\right\}dx\cdot dy\cdot dz$$
$$= -\left\{u\frac{\partial}{\partial x}[q(1-n)] + v\frac{\partial}{\partial y}[q(1-n)] + w\frac{\partial}{\partial z}[q(1-n)]\right\}dx\cdot dy\cdot dz \quad \bigg\} \; 1,$$

da im stationären Strome

$$\frac{\partial u}{\partial x} + \frac{\partial v}{\partial y} + \frac{\partial w}{\partial z} = 0 \ldots \ldots \bigg\} \; 1_a.$$

An der Oberfläche der Elektroden dagegen würde durch das Flächenelement $d\omega$ die Einströmung des Wassers verlangt werden

$$q(1-n)[u\cos a + v\cdot\cos b + w\cos c]d\omega \ldots \} \; 1_b,$$

wenn a, b, c die Winkel zwischen der gegen die Flüssigkeit gerichteten Normale des Elements $d\omega$ und den positiven Coordinataxen bezeichnen.

Wenn wir den obigen mit dx, dy, dz multiplicirten Ausdruck über das ganze Volumen der Flüssigkeit integriren, so erhalten wir durch bekannte Methoden partieller Integration denselben Werth, den der letzte mit $d\omega$ multiplicirte Ausdruck giebt, wenn wir ihn über die Oberfläche integriren.

Das Wasser also, welches sich im ganzen Innern sammelt, und nach unserer Voraussetzung durch Verdampfung entfernt werden soll, wird gerade genügen, um an den Elektrodenflächen wieder niedergeschlagen die dort verlangte Zufuhr zu geben. Hierbei [**717**] kann natürlich sowohl die Ansammlung des Wassers im Innern, wie das Niedergeschlagenwerden auf der Oberfläche stellenweise auch negative Werthe haben.

3) Die Verdampfung, beziehlich, wo sie negativ ist, Niederschlag des Dampfes, kann so geführt werden, dass man durch Zuleitung von Wärme zu jedem der Volumelemente die Temperatur während der Verdampfung constant erhält. So lange Wasser aus einem Volumenelemente der Flüssigkeit entfernt werden soll, lässt man den Dampf damit in Berührung. Schliesslich trennt man beide und lässt den Dampf unter weiterer Zuführung von Wärme bei constanter Temperatur sich so weit dehnen, bis er einen bestimmten constanten Druck p_1 erreicht hat.[7] Wo die Verdampfung negativ sein soll, wird der Dampf natürlich aus dem Druck p_1 entnommen und unter Abgabe von Wärme bei constanter Temperatur zunächst ohne, nachher[8] mit Berührung der Flüssigkeit comprimirt, bis er Wasser ge-

worden ist. Da der Dampf, der mit den concentrirteren Theilen der Flüssigkeit in Berührung ist, geringeren Druck hat, als der mit verdünnteren Theilen in Berührung stehende, so wird bei dieser Verdampfung Arbeit gewonnen, wenn das Wasser aus den verdünnten Theilen in die concentrirten übertragen wird; verloren, wenn umgekehrt.

4) Die elektrische Strömung kann so langsam gemacht werden, dass die dem Quadrat ihrer Intensität proportionale Wärmeentwickelung wegen Widerstandes der Leitung verschwindend klein wird im Vergleich mit denjenigen Wirkungen, die wir bisher besprochen haben und die der ersten Potenz der Intensität proportional sind.

Ebenso könnte die Diffusion, welche zwischen verschieden concentrirten Theilen der Lösung vor sich geht, durch Einschaltung enger Verbindungsröhren auf ein Minimum zurückgeführt werden, ohne dass die elektromotorische Kraft des Apparats, die wir berechnen wollen, dadurch geändert wird.

Wir können deshalb diese beiden irreversiblen Processe vernachlässigen und das *Carnot-Clausius*'sche Gesetz auf die reversiblen anwenden. Da alle an dem Processe theilnehmenden Körper dauernd gleiche Temperatur haben sollen und alle dieselbe, so kann keine Wärme in Arbeit, und durch die reversiblen Processe auch keine Arbeit in Wärme verwandelt werden. Es muss also die Summe der gewonnenen und verlorenen Arbeit für sich genommen [**718**] gleich Null sein, und ebenso die Summe der ab- und zugeführten Wärme.[9]) Daraus gehen zwei Gleichungen hervor.

Die eine, welche sich auf die Wärme bezieht, sagt nichts Anderes aus, als was schon ohne Betrachtung des elektrolytischen Vorgangs gewonnen werden kann, nämlich dass die gleiche Wärmemenge erzeugt wird, wenn das Metall der Elektroden in eine concentrirte Salzlösung eintritt, die stufenweise verdünnt wird, wie wenn es direct in die verdünnte Lösung eintritt.

Die **zweite Gleichung** sagt aus, dass bei dem oben beschriebenen reversiblen Processe die mechanische Arbeit gleich Null sein müsse. Arbeit ist theils

1) für Eintreibung der Elektricität verwendet. Wenn P_a und P_k die Werthe der Potentialfunction in der Anode und Kathode sind, und in der Zeit t die Elektricitätsmenge $+E$ in P_a eingetrieben, aus P_k weggenommen wird, so ist die Arbeit für die Zeiteinheit, wie schon oben bemerkt:

$$\frac{E}{t}(P_a - P_k) = J(P_a - P_k).$$

2) theils wird Arbeit durch den sich dehnenden Dampf geleistet. Dieser Dampf entwickelt sich zunächst unter dem Druck p, der dem Sättigungsgrade der Flüssigkeit mit Salz[10]) entspricht; dann dehnt er sich bei constanter Temperatur bis zum Druck p_1. Nennen wir die Arbeit für die Masseneinheit W und das Volumen der Masseneinheit V, beide immer auf die gleichbleibend gegebene Temperatur bezogen, so ist

$$W = p \cdot V + \int_V^{V_1} p \cdot dv \quad \ldots \ldots \quad \} \, 1_c.$$

Die Gesammtgrösse dieser Arbeit $\mathfrak{W}$ ergiebt sich mittels der in 1 und 1_b aufgestellten Werthe der Strömung gleich

$$\left. \begin{array}{l} -\iiint dx \cdot dy \cdot dz \cdot W \left\{ u \dfrac{\partial}{\partial x}[q(1-n)] + v \dfrac{\partial}{\partial y}[q(1-n)] + w \dfrac{\partial}{\partial z}[q(1-n)] \right\} \\ -\int d\omega \cdot W \cdot q(1-n) \left\{ u \cos a + v \cos b + w \cos c \right\} = \mathfrak{W} \end{array} \right\} 2.$$

[**719**] Durch partielle Integration des dreifachen Integrals und mit Berücksichtigung der Gleichung 1_a finden wir

$$\mathfrak{W} = \iiint dx \cdot dy \cdot dz \cdot q \cdot (1-n) \left\{ u \cdot \frac{\partial W}{\partial x} + v \cdot \frac{\partial W}{\partial y} + w \cdot \frac{\partial W}{\partial z} \right\} 2_a.$$

Hierin sind n und W Functionen von q. Wenn man also setzt

$$q(1-n)dW = d\Phi \quad \ldots \ldots \quad \} \, 2_b,$$

wo Φ eine neue Function von q bedeutet, oder auch

$$\Phi = \int_{p_0}^{p} q(1-n) \frac{dW}{dp} dp \quad \ldots \ldots \quad \} \, 2_c,$$

worin p, der Dampfdruck über der betreffenden Salzlösung, ebenfalls Function von q ist, so erhält man[11])

$$\mathfrak{W} = -\int d\omega \cdot \Phi \left\{ u \cos a + v \cos b + w \cos c \right\}. \quad \} \, 2_d.$$

Die Parenthese in diesem Ausdrucke bedeutet die zur Grenzfläche des Elektrolyten senkrechte Stromcomponente. Diese ist nur an den den Elektroden zugewendeten Theilen der Grenzfläche von Null verschieden. Ist die Concentration der

Flüssigkeit, also auch q, n, p, Φ längs jeder einzelnen Elektrode constant, so wird[12])

$$\mathfrak{W} = J(\Phi_k - \Phi_a) \ \ldots \ \ldots \ \} \ 3$$

und die Gleichung der Arbeit

$$P_k - P_a = \Phi_a - \Phi_k = \int_k^a q \cdot (1-n) \cdot \frac{dW}{dp} \cdot dp \ . \ \} \ 3_a .$$

$P_k - P_a$ ist aber der Werth der elektromotorischen Kraft, den die elektrolytische Zelle in der Richtung von der Anode zur Kathode, also in Richtung des von uns angenommenen Stroms, hervorbringt.[13])

Diese Gleichung zeigt also die Existenz einer elektromotorischen Kraft an, deren Grösse nur von der Concentration der Flüssigkeit an den beiden Elektroden abhängt, nicht von der Vertheilung concentrirterer und verdünnterer Schichten im Innern der Flüssigkeit, [720] ein Schluss, der in den neulich der Akademie mitgetheilten Versuchen von Hrn. Dr. *J. Moser**)
seine Bestätigung findet.

Nach *Wüllner*'s Versuchen ist die Verminderung des Dampfdruckes der in constant bleibender Wassermenge gelösten Salzmenge direct, also unserem q umgekehrt proportional. Bezeichnen wir den Dampfdruck des reinen Wassers bei der Temperatur des Versuchs mit dem bisher unbestimmt gelassenen p_0, so ist also zu setzen

$$p_0 - p = \frac{b}{q} \ \ldots \ \ldots \ \ldots \ \} \ 4 ,$$

wo b eine von der Art des Salzes abhängige Constante bezeichnet. Also

$$P_k - P_a = b \int_{p_k}^{p_a} \frac{\partial W}{\partial p} (1-n) \frac{dp}{p_0 - p} \ \ldots \ \} \ 4_a .$$

Wenn man für die geringen Dichtigkeiten, welche die Wasserdämpfe bei Zimmertemperatur haben, das *Mariotte*'sche Gesetz als gültig voraussetzt, und das Volumen der Masseneinheit des Dampfes unter dem Drucke p mit V bezeichnet, so ist, wie oben in Gleichung 1_c bemerkt,

---

*) *J. Moser*, Wied. Ann. 3, p. 216, 1878.

$$W = p \cdot V + \int_V^{V_1} p \cdot dV.$$

[**721**] Nach *Mariotte*'s Gesetz ist

$$\left. \begin{array}{l} V = \dfrac{V_1 p_1}{p} \ \ldots\ldots\ldots \\[4pt] dV = -\, V_1 p_1 \cdot \dfrac{dp}{p^2} \ \ldots\ldots \end{array} \right\} 4_b$$

$$\left. \begin{array}{l} \displaystyle\int_V^{V_1} p\, dV = V_1 \cdot p_1 \cdot \log\left(\dfrac{p}{p_1}\right) \ \ldots \\[6pt] W = p_1 V_1 \left\{ 1 + \log \cdot \dfrac{p}{p_1} \right\} \ \ldots \\[6pt] \dfrac{\delta W}{\delta p} = \dfrac{p_1 \cdot V_1}{p} = V \ \ldots\ldots \end{array} \right\} 4_c.$$

als angenähert richtiger Werth. Setzt man diesen Werth von $\dfrac{\delta W}{\delta p}$ in die Gleichung 4_a mit Anwendung von 4_b, so erhält man:

$$P_k - P_a = b p_0 V_0 \int_k^a \frac{(1-n)\,dp}{p(p_0 - p)} \ \ldots\ldots \ \Big\} \ 4_d$$

oder, wenn man statt der Variabeln p unter dem Integrationszeichen mittels der Gleichung 4 die Variable q einführt:

$$P_k - P_a = b p_0 V_0 \int_k^a \frac{(1-n)\,dq}{q p_0 - b} \ \ldots\ldots \ \Big\} \ 4_e.$$

Daraus ergiebt sich, dass die elektromotorische Kraft der Zelle positiv ist, wenn an der Kathode die Flüssigkeit concentrirter, und also $q_k < q_a$ und $p_k < p_a$ ist, was ebenfalls durch eine grosse Anzahl von Beobachtungen des Hrn. *J. Moser* bestätigt ist.[14]) Wenn wir die Fortführungszahl $(1 - n)$ innerhalb der Grenzen der Versuche als constant betrachten dürfen, so kann dieselbe als Factor vor das Integrationszeichen gesetzt werden.

Wir setzen zugleich zur Abkürzung die Grösse:
$$\frac{b}{p_0} = q_0.$$
Es bezeichnet alsdann q_0 diejenige Wassermenge, bei deren Zusatz zu einem Aequivalent des Salzes die Dampfspannung Null werden würde, wenn das *Wüllner*'sche Gesetz bis zu dieser Grenze hin Gültigkeit behielte. Dann wird:

$$P_k - P_a = bV_0(1-n)\log\frac{q_a - q_0}{q_k - q_0} \quad \dots \quad \Big\} 5.$$

Die Grösse q_0 muss um so kleiner sein, je weniger das betreffende Salz den Dampfdruck vermindert. Der Einfluss von q_0 verschwindet um so mehr, je verdünnter die dem Versuche unterworfenen Lösungen sind.[15] Da auch gerade für verdünntere Lösungen der Werth von $(1-n)$ nach *Hittorf*'s Versuchen nahe constant ist, so lässt sich für solche die angenähert richtige Formel aufstellen:

$$P_k - P_a = bV_0(1-n)\log\frac{q_a}{q_k} \quad \dots \quad \Big\} 5_a,$$

in welcher die Constante der Dampfspannung nur vorn als Factor vorkommt, und welche Formel das **Verhältniss der elektromotorischen Kräfte** bei verschiedenen Concentrationen unter den genannten Beschränkungen ergiebt, auch wenn man den Werth von b nicht kennt.

Da nach *Wüllner*'s Versuchen die Grösse b bei wechselnden Temperaturen nahehin proportional dem Drucke p_0 über reinem Wasser bleibt, und $p_0 V_0$ nahehin proportional der absoluten Temperatur wächst, was innerhalb der Grenzen der Zimmertemperaturen nicht viel ausmacht, so folgt geringes Anwachsen der elektromotorischen Kraft mit der Temperatur, was die Versuche bestätigen.

Das S der folgenden Tabellen ist die q proportionale Wassermenge, die mit einem Gewichtstheil[16] des wasserfreien Salzes vereinigt in der Lösung vorkommt, A die elektromotorische Kraft nach den Beobachtungen von Hrn. J. *Moser* in Tausendtheilen eines *Daniell*'schen Elementes (Cu, CuSO$_4$, ZnSO$_4$, Zn) angegeben. Die Grösse

$$\eta = \frac{1}{A} \cdot \log\frac{S_a}{S_k}$$

sollte constant sein nach Gleichung 5_a.

Für eine Zelle mit Kupfervitriollösung und Kupferelektroden ergeben sich folgende Werthe:

[722]   Kupfersulfat.

S_a	S_k	A beob.	A berechnet	η	Werth von $1-n$ nach *Hittorf*
128,5	4,208	27	27,4	0,0550	0,724 für $S = 6,35$
—	6,352	25	23,8	0,0525	
—	8,496	21	21,4	0,0562	
—	17,07	16	15,8	0,0548	
—	34,22	10	10,3	0,0575	0,644 für $S > 39,67$

Die bei der Berechnung von η gebrauchten Logarithmen sind Briggische. Bei diesem Salze ist nach einer unten folgenden Berechnung der Dampfdichte durch Hrn. *J. Moser* das dem q_0 entsprechende S_0 ungefähr gleich 0,082, also so klein, dass es kaum einen Einfluss hat. Die Werthe von η steigen im Allgemeinen gegen die stärkeren Verdünnungen hin, was mit dem Fallen von $(1-n)$ in derselben Richtung zusammenhängt.

Als eine für die Rechnung bequeme Interpolationsformel, die das Steigen des $(1-n)$ bei höheren Concentrationen ausdrückt und bei starken Verdünnungen es sich einem constanten Werthe nähern lässt, habe ich gebraucht:[17]

$$1 - n = B \cdot \frac{S - S_0}{S - \sigma} \quad \ldots \ldots \quad \bigg\} 6.$$

Setzt man $S_0 = 0,082$, so ergiebt sich σ aus den obigen beiden aus *Hittorf*'s Untersuchungen citirten Werthen gleich 0,7745; B ist gleich 0,644, und die Einsetzung dieses Werthes von $(1-n)$ in die Gleichung 4_e ergiebt, dass:

$$\eta_1 = \frac{1}{A} \log \frac{S_a - \sigma}{S_k - \sigma} \quad \ldots \ldots \quad \bigg\} 6_a$$

constant sein müsste. Die Rechnung giebt für η_1 eine Reihe von Werthen, die das Steigen bei den stärkeren Verdünnungen nicht mehr zeigen, nämlich:

$\eta_1 = 0,05816 \quad 0,05438 \quad 0,05802 \quad 0,05588 \quad 0,05818$
Mittel 0,055693.

Mit diesem Mittelwerthe von η_1 sind dann die in der Tabelle als berechnet angegebenen Werthe von A gefunden, welche, wie man sieht, verhältnissmässig gut mit den beobachteten übereinstimmen.

Für Zinkvitriol liegen drei Beobachtungen von *Hittorf* für den Werth von $(1-n)$ vor, nämlich:

$$1 - n = 0,778 \text{ für } S = 2,524$$
$$1 - n = 0,760 \text{ » } S = 4,052$$
$$1 - n = 0,636 \text{ » } S = 267,16$$

Daraus lässt sich eine Interpolationsformel mit drei Constanten construiren, nämlich:

$$1 - n = \mathfrak{A} + \mathfrak{B} \cdot S^{-\alpha}$$

worin: $\mathfrak{A} = 0,636 \quad \mathfrak{B} = 0,18511 \quad \alpha = 0,28636$.

Setzt man diesen Ausdruck in die Gleichung 4_e, indem man $q = mS$ setzt, und $\dfrac{b}{p_0}$ als unerheblich vernachlässigt, so erhält man:

$$A = b V_0 \mathfrak{A} \left\{ \log \frac{S_a}{S_k} - \frac{\mathfrak{B}}{\mathfrak{A}\alpha}[S_a^{-\alpha} - S_k^{-\alpha}] \right\}.$$

Wenn man den Ausdruck in der Parenthese durch A dividirt, müsste man einen constanten Werth von $bV_0\mathfrak{A} = \dfrac{1}{\eta_2}$ erhalten, was innerhalb der Grenzen, für die $(1-n)$ beobachtet ist, auch einigermaassen zutrifft.

[723]   Zinksulfat.

S_a	S_k	A beob.	A berechnet	η_2
163	1,972	36	30,9	0,139
	2,963	28	27,8	0,161
	4,944	22	24,7	0,183
	10,889	18	18,4	0,166
			Mittel	0,162

[724] Die beobachteten Werthe von A sind die von Hrn. *J. Moser* gefundenen, die berechneten die aus obiger Formel mit dem Mittelwerth von η_2 gefundenen.

Für **Zinkchlorid** sind die bisher vorliegenden Beobachtungen noch nicht zu verwenden, da die Unterschiede des $(1 - n)$ sehr beträchtlich sind, und die Verminderung des Dampfdruckes in den concentrirten Lösungen sehr gross.

Für die **Berechnung des absoluten Werthes der elektromotorischen Kraft** ist noch Folgendes zu bemerken. Die bisher gebrauchte Stromstärke J ist nach elektrostatischem Maass gemessen; ebenso ist die elektromotorische Kraft $P_k - P_a$ nach elektrostatischen Einheiten bestimmt. Nach elektromagnetischem Maass gemessen wird die Stromstärke J übergehen in [18])

$$\mathsf{J} = \frac{1}{\mathfrak{C}} \cdot J$$

und die elektromotorische Kraft

$$\mathfrak{A} = \mathfrak{C} \cdot (P_k - P_a),$$

wo $\mathfrak{C}$ die von Hrn. *W. Weber* bestimmte Geschwindigkeit ist. Nach den Bestimmungen von Hrn. *Friedrich Weber* ist für ein *Daniell*'sches Element (Cu, $CuSO_4$, $ZnSO_4$, Zn) die elektromotorische Kraft in elektromagnetischem Maass

$$\mathfrak{A}_D = 109540000 \cdot \frac{\text{Ctm.}^{\frac{3}{2}} \cdot \text{Gr.}^{\frac{1}{2}}}{\text{Secd.}^2}.$$

Das in den obigen Tabellen gebrauchte A ist in Einheiten von 0,001 Daniell ausgedrückt; also:

$$\mathfrak{A} = \frac{A \mathfrak{A}_D}{1000}.$$

Nun zersetzt die elektromagnetische Stromeinheit *W. Weber*'s, deren Einheit ist

$$\frac{\sqrt{\text{Mgr. Mm.}}}{\text{Secd.}} = 0{,}01 \cdot \frac{\sqrt{\text{Gr. Ctm.}}}{\text{Secd.}}$$

in der Secunde nach *R. Bunsen*

0,0092705 Mgr. Wasser

und $\dfrac{159{,}5}{18}$ mal so viel Kupfersulphat $CuSO_4$, d. h.

0,082147 Mgr.

Wenn wir also, wie in den Zahlentabellen, mit S die Menge Wasser bezeichnen, die mit einem Gewichtstheil [19]) des wasserfreien [725] Salzes in der Auflösung enthalten ist, so ist für die Versuche mit Kupfervitriol [20])

$$\mathfrak{E}q : S = 0{,}0082147 \sqrt{\frac{\text{Grm.}}{\text{Ctm.}}} : 1\,.$$

Ist nun die Verminderung des Dampfdrucks durch die angewendete Salzlösung bekannt, so ergiebt sich die Constante b aus der Gleichung

$$p_0 - p = \frac{\mathfrak{E}b}{\mathfrak{E}q},$$

worin der Druck p auch nach absolutem Kraftmaass, als $\frac{\text{grm.}}{\text{ctm.\,secd.}^2}$ zu berechnen ist.

Unsere Gleichung 4_e wird mit Hülfe von 6:

$$\mathfrak{A} = \mathfrak{E}(P_k - P_a) = (\mathfrak{E}b)\cdot V_0\, B \log \frac{S_a - \sigma}{S_k - \sigma}.$$

Der Werth der Constante $\mathfrak{E}$ braucht also nicht bekannt zu sein für die Berechnung des $\mathfrak{A}$ nach elektromagnetischem Maass, da im Obigen der Werth des $\mathfrak{E}b$ direkt gefunden ist.[21])

Mittels der Gleichung (6_a) erhalten wir für Kupfervitriollösungen:[22])

$$\frac{\mathfrak{A}_D}{1000} = \frac{\mathfrak{E}b\,V_0 B \eta_1}{\log\text{brigg}\,e} = \mathfrak{E}q\,\frac{V_0 p_0 B \eta_1}{\log\text{brigg}\,e}\cdot\frac{p_0 - p}{p_0}\,..\Big\}\,6_b.$$

Es ist oben gefunden:

$$B = 0{,}644 \qquad \eta_1 = 0{,}055693\,.$$

Die Berechnung von V_0 ist nach *Mariotte*'s und *Gay Lussac*'s Gesetzen unter Annahme des theoretischen specifischen Gewichts 0,623 gegen Luft ausgeführt.

Um die Uebereinstimmung des absoluten Werthes der elektromotorischen Kraft unserer Ketten mit der durch die Formel gegebenen zu prüfen, fehlen noch ausreichende Data über die Dampfspannung der gebrauchten Salzlösungen. Benutzt man die Gleichung 6_b, um aus der von Hrn. *J. Moser* gefundenen elektromotorischen [726] Kraft der Zellen mit Kupfersulfatlösungen die Grösse $\dfrac{p_0 - p}{p_0}$ für die einprocentige Lösung bei 20° C. zu berechnen, so erhält man diese Grösse gleich 0,00091*), was zwischen den von Hrn. *Wüllner* für Rohrzuckerlösungen (0,00070) und den für die leicht löslichen Alkalisalze gefundenen Werthen liegt. Hr. *J. Moser* hat in der letzten Zeit im hiesigen Laboratorium versucht, die Dampfspannung über Kupfervitriollösungen durch Wasserdruckhöhen zu messen. Für Lösungen, welche 25 % ihres Gewichts an krystallisirtem Salze enthalten, war die Verminderung des Dampfdruckes etwa nur 3 mm Wasser. Die oben angegebene Grösse berechnet sich aus seinen bisher ausgeführten Versuchen im Mittel zu 0,00086. Aber die einzelnen Bestimmungen schwankten noch bei der Kleinheit des zu beobachtenden Werthes zwischen 0,00076 und 0,00110. Eine Verbesserung der Methode steht noch in Aussicht.

Wenn man berücksichtigt, dass sich bei dieser Berechnung Factoren gegen einander heben, die aus den verschiedensten Gebieten der Physik entnommen sind, und von denen einer über hundert Millionen beträgt, so mag der bisher erreichte Grad von Uebereinstimmung zwischen Theorie und Versuch immerhin als beachtenswerth erscheinen, obgleich die Genauigkeit einiger Elemente der Rechnung noch zu wünschen übrig lässt.

---

*) Die Abweichung von dem in den Berl. Monatsber. angegebenen Werthe 0,00082 ist hier durch die Berücksichtigung der Inconstanz des Werthes von $(1-n)$ in der oben angegebenen Weise bedingt.

[22] Die Thermodynamik chemischer Vorgänge

von

H. Helmholtz.

(Sitzber. d. kgl. preuss. Akad. d. Wissensch. Berlin 1882. 1. Halbband, S. 22—39.)

Die bisherigen Untersuchungen über die Arbeitswerthe chemischer Vorgänge beziehen sich fast ausschliesslich auf die bei Herstellung und Lösung der Verbindungen auftretenden oder verschwindenden Wärmemengen. Nun sind aber mit den meisten chemischen Veränderungen Aenderungen des Aggregatzustandes und der Dichtigkeit der betreffenden Körper unlöslich verbunden. Von diesen letzteren aber wissen wir schon, dass sie Arbeit in zweierlei Form zu erzeugen oder zu verbrauchen fähig sind, nämlich erstens in der Form von Wärme, zweitens in Form anderer, unbeschränkt verwandelbarer Arbeit. Ein Wärmevorrath ist bekanntlich nach dem von Hrn. *Clausius* präciser gefassten *Carnot*'schen Gesetze nicht unbeschränkt in andere Arbeitsäquivalente verwandelbar; wir können das immer nur dadurch und auch dann nur theilweise erreichen, dass wir den nicht verwandelten Rest der Wärme in einen Körper niederer Temperatur übergehen lassen.[23] Wir wissen, dass beim Schmelzen, Verdampfen, bei Ausdehnung von Gasen u. s. w. auch Wärme aus den umgebenden gleich temperirten Körpern herbeigezogen werden kann, um in Arbeit anderer Form überzugehen. Da solche Veränderungen, wie gesagt, unlöslich mit den meisten chemischen Vorgängen verbunden sind, so zeigt schon dieser Umstand, dass man auch bei den letzteren nach der Entstehung dieser zwei Formen von Arbeitsäquivalenten fragen und sie unter die Gesichtspunkte des *Carnot*'schen Gesetzes stellen muss. Bekannt ist längst, dass es von selbst eintretende und ohne äussere Triebkraft weitergehende chemische Prozesse giebt, bei denen Kälte erzeugt wird. Von diesen Vorgängen wissen die bisherigen theoretischen Betrachtungen, welche nur die zu entwickelnde Wärme als das Maass für den Arbeitswerth der chemischen Verwandtschaftskräfte betrachten, keine genügende Rechenschaft zu geben*). Sie erscheinen vielmehr als Vorgänge, [23] welche gegen die Verwandtschaftskräfte zu Stande kommen. Der Hauptsache nach ist die ältere Ansicht, die ich selbst in meinen früheren Schriften vertreten habe, allerdings gerechtfertigt. Es ist keine Frage, dass namentlich in den Fällen, wo die mächtigeren Verwandtschaftskräfte wirken, die stärkere Wärmeentwicklung mit der grösseren Verwandtschaft zusammenfällt, soweit letztere durch die Entstehung und Lösung der chemischen Verbindungen zu erkennen ist. Aber beide fallen doch nicht in allen Fällen zusammen. Wenn wir nun bedenken, dass die chemischen Kräfte nicht blos Wärme, sondern auch andere Formen der Energie hervorbringen können, letzteres sogar ohne dass irgend eine der Grösse der Leistung entsprechende Aenderung der Temperatur in den zusammenwirkenden Körpern einzutreten braucht, wie z. B. bei den Arbeitsleistungen der galvanischen Batterien: so scheint es mir nicht fraglich, dass auch bei den chemischen Vorgängen die Scheidung zwischen dem freier Verwandlung in andere Arbeitsformen fähigen Theile ihrer Verwandtschaftskräfte und dem nur als Wärme erzeugbaren Theile vorgenommen werden muss. Ich werde mir erlauben, diese beiden Theile der Energie im Folgenden kurzweg als die freie und die gebundene Energie zu bezeichnen. Wir werden später sehen, dass die aus dem Ruhezustande und bei konstant gehaltener gleichmässiger Temperatur des Systems von selbst eintretenden und ohne Hülfe einer äusseren Arbeitskraft fortgehenden Prozesse nur in solcher Richtung vor sich gehen können, dass die freie Energie abnimmt. In diese Kategorie werden auch die bei konstant erhaltener Temperatur von selbst eintretenden und fortschreitenden chemischen Prozesse zu rechnen sein. Unter Voraussetzung unbeschränkter Gültigkeit des *Clausius*schen Gesetzes würden es also die Werthe der freien Energie, nicht die der durch Wärmeentwicklung sich kundgebenden gesammten Energie sein, die darüber entscheiden, in welchem Sinne die chemische Verwandtschaft thätig werden kann.

---

*) Siehe *B. Rathke* über die Principien der Thermochemie in Abhandl. d. Naturforsch. Ges. zu Halle. Bd. XV.

Die Berechnung der freien Energie lässt sich der Regel nach nur bei solchen Veränderungen ausführen, die im Sinne der thermodynamischen Betrachtungen vollkommen reversibel sind. Dies ist der Fall bei vielen Lösungen und Mischungen, die innerhalb gewisser Grenzen nach beliebigen Verhältnissen hergestellt werden können. Auf solche beziehen sich zum Beispiel die von *G. Kirchhoff**) über Lösungen von Salzen und Gasen angestellten Untersuchungen.[24] Für die nach festen Aequivalenten geschlossenen chemischen Verbindungen im engeren Sinne dagegen bilden die elektrolytischen Prozesse zwischen [24] unpolarisirten Elektroden einen wichtigen Fall reversibler Vorgänge. In der That bin ich selbst durch die Frage nach dem Zusammenhange zwischen der elektromotorischen Kraft solcher Ketten und den chemischen Veränderungen, die in ihnen vorgehen, zu dem hier zu entwickelnden Begriffe der freien chemischen Energie geführt worden. Denn auch hier drängen sich Fragen auf wie die, ob und wann die latente Wärme der bei der Wasserzersetzung sich entwickelnden Gase, oder die durch Auskrystallisiren eines bei der Elektrolyse erzeugten Salzes frei gewordene Wärme auf die elektromotorische Kraft Einfluss habe, oder nicht. Die von mir am 26. November 1877 gemachte Mittheilung »über galvanische Ströme verursacht durch Concentrationsunterschiede« fällt schon in dieses Gebiet hinein.[25]

Die Vorgänge in einem constanten galvanischen Elemente, welche bei verschwindend kleiner Stromintensität vor sich gehen, wobei man die dem Widerstand und dem Quadrat dieser Intensität proportionale Wärmeentwicklung im Schliessungsdrahte als verschwindende Grössen zweiter Ordnung vernachlässigen kann, sind vollkommen reversible Prozesse und müssen den thermodynamischen Gesetzen der reversiblen Prozesse unterliegen. Wenn wir ein galvanisches Element von gleichmässiger absoluter Temperatur ϑ (d. h. Temperatur gerechnet von — 273° C. als Nullpunkt der Scala) haben, so wird dessen Zustand, wenn das elektrische Quantum $d\varepsilon$ hindurchgeht, dadurch verändert, dass eine dieser Grösse $d\varepsilon$ proportionale chemische Veränderung eintritt, und wir können den Zustand des Elements betrachten als definirt durch die Menge von Elektricität ε, die in einer bestimmten, als positiv angenommenen Richtung durch dasselbe hindurchgegangen ist. Wenn

---
*) *Poggendorff*'s Annalen Bd. 103, S. 177 u. 206. B d. 104, S. 612.

die Enden der constanten Batterie mit den beiden Platten eines Condensators von sehr grosser Capacität verbunden sind, der zur Potentialdifferenz p geladen ist, so würde der Uebergang der Menge $d\varepsilon$ von der negativen zur positiven Platte des Condensators der Zunahme $p \cdot d\varepsilon$ im Vorrathe vorhandener elektrostatischer Energie entsprechen.[26] Bezeichnen wir gleichzeitig mit dQ die Wärmemenge, welche wir dem galvanischen Elemente zuführen (beziehlich, wenn negativ, entziehen) müssen, um bei der genannten Ueberleitung von $d\varepsilon$ seine Temperatur constant zu halten, mit $\mathfrak{J}$ das mechanische Aequivalent der Wärmeeinheit und mit U den Gesammtvorrath der in ihm enthaltenen Energie, welche wir als Function von ϑ und ε ansehen können, so ist nach dem Satze von der Constanz der Energie

$$\mathfrak{J} \cdot dQ = \frac{\partial U}{\partial \vartheta} \cdot d\vartheta + \left(\frac{\partial U}{\partial \varepsilon} + p\right) \cdot d\varepsilon \quad \ldots \ldots \left.\right\} 1.$$

Andrerseits wird es nach dem *Carnot-Clausius*'schen Princip eine [25] Function der Variablen ϑ und ε geben, von Hrn. *Clausius* die Entropie des Systems genannt, deren Aenderung dS ist:

$$dS = \frac{1}{\vartheta} \cdot \mathfrak{J} \cdot dQ = \frac{1}{\vartheta} \cdot \frac{\partial U}{\partial \vartheta} \cdot d\vartheta + \frac{1}{\vartheta}\left[\frac{\partial U}{\partial \varepsilon} + p\right] d\varepsilon \left.\right\} 1_a$$

wobei

$$\frac{\partial S}{\partial \vartheta} = \frac{1}{\vartheta} \cdot \frac{\partial U}{\partial \vartheta}.$$

$$\frac{\partial S}{\partial \varepsilon} = \frac{1}{\vartheta}\left[\frac{\partial U}{\partial \varepsilon} + p\right].$$

Daraus folgt, dass

$$\frac{\partial^2 S}{\partial \vartheta \cdot \partial \varepsilon} = \frac{1}{\vartheta} \cdot \frac{\partial^2 U}{\partial \vartheta \cdot \partial \varepsilon} = \frac{1}{\vartheta}\left[\frac{\partial^2 U}{\partial \varepsilon \cdot \partial \vartheta} + \frac{\partial p}{\partial \vartheta}\right] - \frac{1}{\vartheta^2}\left[\frac{\partial U}{\partial \varepsilon} + p\right],$$

oder

$$\vartheta \cdot \frac{\partial p}{\partial \vartheta} = \frac{\partial U}{\partial \varepsilon} + p.$$

Wir können also die Gleichung 1 nun schreiben

$$\mathfrak{J} \cdot dQ = \frac{\partial U}{\partial \vartheta} d\vartheta + \vartheta \cdot \frac{\partial p}{\partial \vartheta} d\varepsilon \quad \ldots \ldots \left.\right\} 1^*,$$

d. h. der letzte Summandus giebt das mechanische Aequivalent derjenigen Wärmemenge an, welche wir während des Uebergangs von $dε$ dem galvanischen Elemente zuführen müssen, um seine Temperatur constant zu halten. In der That, wenn wir in 1* die Aenderung der Temperatur $d\vartheta$ gleich Null setzen, wird:[27]

$$\vartheta \cdot \frac{\partial p}{\partial \vartheta} \cdot dε = \mathfrak{J} \cdot dQ.$$

Die in dieser Weise entwickelte Wärmemenge ist meistens verhältnissmässig klein, und bei kräftig arbeitenden Zellen würde sie schwer durch calorimetrische Versuche zwischen den weit grösseren Wärmemengen zu entdecken sein, die dem Widerstande der Leitung und dem Quadrat der Stromintensität proportional sind. Dazu kommen noch Unterschiede der Erwärmung an beiden Elektroden, die dem *Peltier*'schen Phänomen bei den thermo-elektrischen Strömen in der Erscheinungsweise ähnlich sehen, wenn sie auch vielleicht in den Ursachen verschieden sind. Dagegen lässt sich viel leichter und mit grosser Schärfe ermitteln, ob die elektromotorische Kraft eines constanten galvanischen Elements mit steigender Temperatur ab- oder zunimmt.

[26] Versuche letzterer Art sind angestellt worden von *Lindig**); leider beziehen sie sich hauptsächlich auf einen nicht streng reversibeln Fall, nämlich *Daniell*'sche Zellen, bei denen das Zink in verdünnte Schwefelsäure tauchte, die beim rückwärts gerichteten Strom also H am Zink entwickeln mussten. Wirklich reversible Daniell, bei denen das Zink in Zinkvitriollösung taucht, zeigen nach neuerlich von mir selbst angestellten Versuchen bei steigender Temperatur Abnahme der Kraft, wenn die Zinklösung mässig oder sehr concentrirt ist, dagegen Zunahme bei sehr verdünnten Zinklösungen. Zwischen diesen beiden Alternativen giebt es eine Grenze, wo die elektromotorische Kraft von der Temperatur nicht merklich abhängig ist. Bei concentrirter Kupferlösung ist dies mit einer Zinklösung der Fall, deren specifisches Gewicht etwa 1,04 beträgt.

Die Ketten von Hrn. *Latimer Clark*, wo in concentrirter Zinklösung eine Schicht von Mercurosulfat auf Quecksilber als der Anode liegt, und die Kathode durch amalgamirtes Zink gebildet wird, sind zu scharfen Messungen besonders geeignet,

---

*) *Poggendorff*'s **Annalen** Bd. 123, S. 1—30. 1864.

weil man nicht mit der Diffusion zweier Flüssigkeiten zu kämpfen hat, und das Ganze selbst vollständig in Glas einschmelzen kann. Ihre elektromotorische Kraft ist in besonders auffallender Weise von der Temperatur abhängig. Hr. *L. Clark**) selbst hat angegeben, dass die Kraft bei Steigerung um 1^0 C. um 0,06 Procent abnimmt. Das Maximum dieser Veränderlichkeit tritt ein, wenn man Pulver des Zinksalzes sowohl auf dem Quecksilber zwischen dessen Sulfat, wie auf dem flüssigen Zinkamalgam ruhen lässt. Ich fand jene Grösse dann 0,08 Procent; sie nahm bei starker Verdünnung der Zinklösung bis auf 0,03 ab, wobei andererseits die elektromotorische Kraft erheblich anwuchs. Die obige Formel lässt erkennen, dass bei jener concentrirtesten Lösung die als Wärme abgegebene Arbeit zu der in der elektromotorischen Kraft wiedererscheinenden sich verhält, wie [28]

$$\vartheta \cdot \frac{\delta p}{\delta \vartheta} : p = 1 : 4{,}2 \; .$$

In diesem Falle kann das vom Strome neugebildete Zinksulfat sich nicht mehr auflösen und es wird die latente Wärme seiner Lösung gespart, daher stärkere Wärmeentwicklung in der Zelle trotz der schwächeren elektromotorischen Kraft. Die Discussion der thermodynamischen Verhältnisse der Lösungen krystallisirbarer Salze, welche ich mir später zu geben vorbehalte, zeigt übrigens ganz allgemein, dass in Ketten von diesem Typus Verdünnung der Lösung die elektromotorische [27] Kraft um einen bei zunehmender Temperatur zunehmenden Betrag steigern müsse.

Ketten von ähnlichem Typus, die ich wegen ihrer Reinlichkeit und Constanz für ganz schwache Stromintensitäten in den letzten Jahren vielfach gebraucht habe, in denen das Mercurosulfat der *Clark*'schen durch Mercurochlorid (Calomel) und die Lösung von Zinkvitriol durch eine' solche von Zinkchlorid ersetzt ist, zeigen bei starker Verdünnung der letzteren Lösung im Gegentheil eine, wenn auch kleine, Zunahme der Kraft bei steigender Temperatur.

Ich führe diese Thatsachen an, weil sie erkennen lassen, dass hier sehr mannigfache Verhältnisse vorkommen. Die thermoelektrischen Versuche von *Lindig*, *Bleekrode***), *Bouty****),

---

*) Proc. Roy. Soc. XX. 444.
**) *Poggendorff*'s Annalen Bd. 138, S. 571—604.
***) *Almeida*, Journal de Physique Bd. 9, S. 229.

Gore*) zeigen die Häufigkeit solcher Unterschiede an. Wenn man nämlich ein mit vier Seitengefässen durch Heberröhren communicirendes Centralgefäss sich vorstellt, alle mit derselben Flüssigkeit gefüllt, aber zwei von den Seitengefässen erwärmt, zwei andere kalt, und wenn A und a die Potentialunterschiede zweier unpolarisirbarer metallischer Elektroden einer Art gegen die Flüssigkeit des centralen Gefässes sind, B und b die zweier Elektroden von andrer Art bedeuten, A und B aber für erwärmte Flüssigkeit gelten, a und b dagegen für kalte: so geben die Elektroden A mit a verbunden eine Thermokette, ebenso B mit b verbunden. Dagegen A mit B eine Hydrokette von höherer, a mit b dieselbe von niederer Temperatur. Wenn nun die elektromotorische Kraft

$$A - a > B - b,$$

so ist auch

$$A - B > a - b$$

und

$$(A - B) - (a - b) = (A - a) - (B - b).$$

Beziehen sich z. B. A und a auf Zinkamalgam, B und b auf Quecksilber mit Mercurosulfat überschüttet, alle in derselben Zinkvitriollösung, so konnte ich die letzte Gleichung durch den Versuch in der That bewahrheiten.

Um aber diese und andere Thatsachen sicher verwenden zu können, schien mir zunächst die Discussion einer etwas verallgemeinerten Form der allgemeinen Principien der Thermodynamik nothwendig, und eine dem Gegenstande mehr angepasste Ausdrucksweise derselben wünschenswerth. Dies führte zu einer vereinfachten analytischen Ausdrucksweise derselben Gesetze.

Ich will mich heut darauf beschränken, diese theoretischen Erörterungen hier vorzulegen.

§ 1.

Begriff der freien Energie.

Die Dynamik hat eine grosse Vereinfachung und Verallgemeinerung ihrer analytischen Entwicklungen dadurch erreicht, dass sie den Begriff der potentiellen Energie (negativ genommene Kräftefunction nach *C. G. J. Jacobi*, Ergal nach *Clausius*, Quantität der Spannkräfte nach *Helmholtz*)

---

*) Proc. Roy. Soc. 1871, Febr. 23.

eingeführt hat. In den bisherigen Anwendungen dieses Begriffs sind aber Aenderungen der Temperatur der Regel nach nicht berücksichtigt, entweder weil die Kräfte, deren Arbeitswerth man berechnete, überhaupt nicht von der Temperatur abhängen, wie z. B. die Gravitation, oder weil die Temperatur während der untersuchten Vorgänge als constant, beziehlich als Function bestimmter mechanischer Aenderungen (z. B. bei der Schallbewegung als Function der Dichtigkeit des Gases) angesehen werden konnte. Allerdings konnten die im Werthe des Ergals vorkommenden physikalischen Constanten, wie die Dichtigkeit, die Elasticitätscoëfficienten u. a. m. mit der Temperatur variiren, und in diesem Sinne war jene Grösse allerdings schon eine Function der Temperatur. Dabei blieb aber die im Werthe jedes Ergals vorkommende Integrationsconstante vollkommen willkürlich für jede neue Temperatur zu bestimmen, und man konnte die Uebergänge von einer zur andern Temperatur nicht machen. Wie dies zu thun sei, ergiebt sich indessen leicht aus den von Hrn. *Clausius* aufgestellten beiden Grundgleichungen der Thermodynamik.

Derselbe hat sich zunächst in den von ihm veröffentlichten Abhandlungen auf die Fälle beschränkt, wo der Zustand des Körpers durch die Temperatur und nur einen andern Parameter bedingt ist. Der Ausdruck des Gesetzes für den Fall, wo verschiedenartige Aenderungen eintreten können, indem der Zustand des Körpers von mehreren andern Parametern neben der Temperatur bedingt ist, ist leicht nach denselben Principien zu bilden, wie der für einen einzigen. Ich werde die absolute Temperatur im Folgenden mit ϑ, die den Zustand des Körpers definirenden, von einander und von der Temperatur unabhängigen Parameter aber mit p_a bezeichnen. Ihre Anzahl muss endlich, kann übrigens beliebig gross sein.

Hr. *Clausius* braucht zur Darstellung seiner allgemeinen Gesetze zwei Functionen der Temperatur und des einen von ihm beibehaltenen Parameters, welche er die **Energie** U und die **Entropie** S nennt. Beide sind aber nicht von einander unabhängig, sondern durch die Differentialgleichung:

$$\frac{\partial S}{\partial \vartheta} = \frac{1}{\vartheta} \cdot \frac{\partial U}{\partial \vartheta},$$

[29] mit einander verbunden. Es wird sich zeigen, dass diese beiden durch Differentialquotienten des als Function der Temperatur vollständig bestimmten Ergals dargestellt werden können,

so dass die thermodynamischen Gleichungen nicht mehr zwei Functionen der Variablen, sondern nur noch eine, nämlich das Ergal erfordern.

Die von Hrn. *Clausius* in seinen Gleichungen mit W bezeichnete Function fällt mit dem Ergal zusammen, so lange die Temperatur sich nicht ändert; bei veränderlicher Temperatur aber ist sie überhaupt keine eindeutige Function der Temperatur und der Parameter mehr. Was Hr. *G. Kirchhoff* (l. c.) »Wirkungsgrösse« genannt hat, ist die Function U.

Ich nehme zunächst ein beliebig zusammengesetztes System von Massen an, welche alle dieselbe Temperatur ϑ haben, und alle auch immer die gleichen Temperaturänderungen erleiden. Der Zustand des Systems sei durch ϑ und eine Anzahl von unabhängigen Parametern $p_\mathfrak{a}$ vollständig bestimmt.

Ich bezeichne, wie Hr. *Clausius*, die bei einer verschwindend kleinen Aenderung im Zustande des Körpers hinzutretende Wärmemenge mit dQ, die innere Energie mit U. Das Gesetz von der Constanz der Energie kann in die Form gebracht werden:

$$\mathfrak{J} \cdot dQ = \frac{\delta U}{\delta \vartheta} \cdot d\vartheta + \sum_\mathfrak{a} \left\{ \left(\frac{\delta U}{\delta p_\mathfrak{a}} + P_\mathfrak{a} \right) dp_\mathfrak{a} \right\} \dots \right\} 1.$$

Hierin bezeichnet $\mathfrak{J}$ das mechanische Aequivalent der Wärmeeinheit und $P_\mathfrak{a} \cdot dp_\mathfrak{a}$ die ganze bei der Aenderung $dp_\mathfrak{a}$ zu erzeugende, frei verwandelbare Arbeit,[29] welche theils auf die Körper der Umgebung übertragen, theils in lebendige Kraft der Massen des Systems verwandelt werden kann. Diese letztere ist eben auch als eine den inneren Veränderungen des Systems gegenüberstehende äussere Arbeit zu betrachten.

Der zweite Satz der mechanischen Wärmetheorie sagt aus, dass:[30]

$$\int \frac{dQ}{\vartheta} = 0,$$

wenn der Endzustand des Körpers wieder derselbe ist, wie der Anfangszustand war, und die Reihe der Veränderungen, die der Körper durchgemacht hat, vollkommen reversibel ist. Letztere Bedingung fordert für ein Körpersystem, dessen Theile unter einander immer gleiche Temperatur haben, nur, dass keine neue Wärme auf Kosten anderer Energieformen erzeugt werden dürfe. Obige Forderung kann nicht erfüllt werden, wenn nicht unter den genannten Bedingungen $\frac{1}{\vartheta} \cdot dQ$ das

Differential einer eindeutigen, nur von der Temperatur und dem Zustande des [30] Körpers, d. h. von den Parametern p_a abhängigen Function ist, welche Hr. Clausius für einen Parameter »Entropie« genannt und mit S bezeichnet hat. Also

$$\frac{1}{\vartheta} \cdot dQ = dS = \frac{\partial S}{\partial \vartheta} \cdot d\vartheta + \sum_a \left\{ \frac{\partial S}{\partial p_a} \cdot dp_a \right\} \dots \right\} 1_a.$$

Aus 1 und 1_a folgt:

$$\mathfrak{J} \cdot \frac{\partial S}{\partial \vartheta} = \frac{1}{\vartheta} \cdot \frac{\partial U}{\partial \vartheta}$$

$$\mathfrak{J} \cdot \frac{\partial S}{\partial p_a} = \frac{1}{\vartheta} \left[\frac{\partial U}{\partial p_a} + P_a \right].$$

Daraus folgt:

$$P_a = \frac{\partial}{\partial p_a} [\mathfrak{J} \cdot \vartheta \cdot S - U] \dots \dots \right\} 1_b.$$

Ferner

$$\mathfrak{J} \cdot \frac{\partial^2 S}{\partial \vartheta \cdot \partial p_a} = \frac{1}{\vartheta} \cdot \frac{\partial^2 U}{\partial \vartheta \cdot \partial p_a} = \frac{1}{\vartheta} \left[\frac{\partial^2 U}{\partial \vartheta \cdot \partial p_a} + \frac{\partial P_a}{\partial \vartheta} \right]$$

$$- \frac{1}{\vartheta^2} \left[\frac{\partial U}{\partial p_a} + P_a \right] \dots \dots \dots \right\} 1_c.$$

Aus der letzten Gleichung folgt wiederum:

$$\vartheta \cdot \frac{\partial P_a}{\partial \vartheta} = \frac{\partial U}{\partial p_a} + P_a \dots \dots \dots \right\} 1_d.$$

Wenn wir setzen

$$\mathfrak{F} = U - \mathfrak{J} \cdot \vartheta \cdot S \dots \dots \dots \right\} 1_e,$$

so ist $\mathfrak{F}$, wie U und S es sind, eine eindeutige Function der Grössen p_a und ϑ. Die Functionen U und S, welche nur durch die Grössen ihrer Differentialquotienten definirt sind, enthalten jede eine willkürliche additive Constante. Wenn wir diese mit α und β bezeichnen, folgt, dass in der Function $\mathfrak{F}$ ein additives Glied von der Form

$$[\alpha - \beta \cdot \mathfrak{J} \cdot \vartheta]$$

willkürlich bleibt; sonst ist diese Function $\mathfrak{F}$ durch die Gleichung 1_e vollständig definirt.

Die Gleichungen 1_b gehen dadurch in die Form über:

$$P_a = - \frac{\partial \mathfrak{F}}{\partial p_a} \dots \dots \dots \dots \right\} 1_f,$$

Die Thermodynamik chemischer Vorgänge.

d. h. bei allen in constant bleibender Temperatur vorgehenden Uebergängen stellt die Function $\mathfrak{F}$ den Werth der potentiellen Energie oder des Ergals dar.

Durch Differentiation der Gleichung 1_e nach ϑ erhält man:

$$\frac{\partial \mathfrak{F}}{\partial \vartheta} = \frac{\partial U}{\partial \vartheta} - \mathfrak{J} \cdot S - \mathfrak{J} \cdot \vartheta \cdot \frac{\partial S}{\partial \vartheta}.$$

[31] Da aber, wie bei 1_a schon bemerkt,

$$\mathfrak{J} \cdot \frac{\partial S}{\partial \vartheta} = \frac{1}{\vartheta} \cdot \frac{\partial U}{\partial \vartheta},$$

so reducirt sich unsere Gleichung auf:

$$\frac{\partial \mathfrak{F}}{\partial \vartheta} = - \mathfrak{J} \cdot S, \ldots \ldots \ldots \Big\} 1_g,$$

woraus durch Berücksichtigung von 1_e sogleich folgt:

$$U = \mathfrak{F} - \vartheta \cdot \frac{\partial \mathfrak{F}}{\partial \vartheta} \ldots \ldots \ldots \Big\} 1_h.$$

Diese beiden Gleichungen ergeben also die Werthe der beiden Functionen U und S (Energie und Entropie nach *Clausius*) ausgedrückt durch Differentialquotienten von $\mathfrak{F}$.

Aus der letzteren folgt:

$$\frac{\partial U}{\partial \vartheta} = - \vartheta \cdot \frac{\partial^2 \mathfrak{F}}{\partial \vartheta^2} = \mathfrak{J} \cdot \vartheta \cdot \frac{\partial S}{\partial \vartheta}.$$

Dies ist die oben schon besprochene Verbindung durch eine Differentialgleichung zwischen den Functionen S und U, die also durch unsere Darstellung derselben mittelst der Function $\mathfrak{F}$ unmittelbar erfüllt ist.

Bei constant erhaltenen Parametern p_a ergiebt Gleichung 1

$$\mathfrak{J} \cdot dQ = \frac{\partial U}{\partial \vartheta} \cdot d\vartheta.$$

Die Grösse $\frac{\partial U}{\partial \vartheta}$ stellt also auch in unserem verallgemeinerten Falle die Wärmecapacität des Systems bei constanten Parametern vor (berechnet für die sämmtlichen ihm angehörigen Massen zusammengenommen). Wir wollen diese mit Γ bezeichnen. Dann ist also

$$\mathfrak{J} \cdot \Gamma = - \vartheta \cdot \frac{\partial^2 \mathfrak{F}}{\partial \vartheta^2} \ldots \ldots \ldots \Big\} 1_i.$$

Da Γ wie ϑ eine nothwendig positive Grösse ist, so folgt hieraus, dass $\dfrac{\partial^2 \mathfrak{F}}{\partial \vartheta^2}$ nothwendig negativ sei, und dass also die Grössen $\left(-\dfrac{\partial \mathfrak{F}}{\partial \vartheta}\right)$ und $\left(\mathfrak{F} - \vartheta \cdot \dfrac{\partial \mathfrak{F}}{\partial \vartheta}\right)$ bei steigender Temperatur und unveränderten Parametern zu positiv steigenden Werthen fortschreiten müssen. Es sind dies die Grössen $(\mathfrak{J} S)$ und U.

Es ergiebt sich weiter zur Berechnung der Werthe von $\mathfrak{F}$ bei steigenden Temperaturen und unveränderten Parametern, dass
$$\frac{\partial^2 \mathfrak{F}}{\partial \vartheta^2} = -\mathfrak{J}\frac{\partial S}{\partial \vartheta} = -\mathfrak{J}\frac{1}{\vartheta}\cdot \Gamma.$$

[**32**] Da andererseits
$$\vartheta \cdot \frac{\partial^2 \mathfrak{F}}{\partial \vartheta^2} = \frac{\partial}{\partial \vartheta}\left[\vartheta \cdot \frac{\partial \mathfrak{F}}{\partial \vartheta} - \mathfrak{F}\right] = -\mathfrak{J}\Gamma,$$

so ergiebt sich durch eine einfache Quadratur für den Unterschied zweier Werthe von $\mathfrak{F}$, die demselben Werthsysteme der Parameter, aber zwei verschiedenen durch die Indices 1 und 0 unterschiedenen Temperaturen angehören, dass [31])

$$\mathfrak{F}_1 - \mathfrak{F}_0 = \mathfrak{J}\left\{(\vartheta_0 - \vartheta_1)S_0 + \int_{\vartheta_0}^{\vartheta_1}\Gamma\left(1 - \frac{\vartheta_1}{\vartheta}\right)d\vartheta \ldots \right\}1_k.$$

Die willkürlich zu wählenden Werthe von $\mathfrak{F}_0$ und S_0 bilden die oben erwähnten beiden willkürlichen Constanten.

Innerhalb solcher Temperaturintervalle, in denen Γ als constant angesehen werden kann, wäre
$$\mathfrak{F}_1 - \mathfrak{F}_0 = \mathfrak{J}(\Gamma - S_0)(\vartheta_1 - \vartheta_0) - \mathfrak{J}\cdot \Gamma \cdot \vartheta_1\cdot \log\cdot\left(\frac{\vartheta_1}{\vartheta_0}\right)\cdot\Big\}1_1.$$

Hieraus geht hervor, dass der Werth von $\mathfrak{F}$ auch für den absoluten Nullpunkt der Temperatur, $\vartheta = 0$, endlich bleiben würde, auch wenn die Werthe von Γ bis dahin endlich bleiben, während der Werth von
$$\frac{\partial \mathfrak{F}}{\partial \vartheta} = -\mathfrak{J}\cdot S$$
an der Grenze $\vartheta = 0$ unendlich werden würde, wenn nicht Γ bezogen auf absolute Temperatur an dieser Grenze verschwindend klein wird. Dagegen wird das Product $(\vartheta \cdot S)$ auch bei endlichem Γ an der Grenze: $\vartheta = 0$ gleich Null.

Für die Berechnung der Arbeit von physikalischen Vorgängen hat die Unbestimmtheit dieser beiden Constanten[32] keinen Nachtheil, da wir immer nur mit den Differenzen der Arbeitswerthe zwischen verschiedenen Zuständen und Temperaturen des Körpers zu thun haben. Da die Grösse S, die ihren Dimensionen nach einer Wärmecapacität entspricht, mit jeder dem Systeme zugeführten Wärmemenge wächst, so wollen wir aber im Folgenden immer eine solche Wahl des Werthes S_0 voraussetzen, dass bei jedem erreichbaren Kältegrad der Werth von S positiv bleibe. Ich werde deshalb auch das Zeichen $\mathfrak{J} \cdot S$, als einer wesentlich positiven Grösse statt des negativ bezeichneten Werthes $\left(-\dfrac{\partial \mathfrak{F}}{\partial \vartheta}\right)$ zu gebrauchen fortfahren.

Nachdem die Werthe $\mathfrak{F}_0$ und S_0 für einen als normalen Anfangspunkt gewählten Zustand des Körpers festgesetzt sind: sind, wie das Vorige ergiebt, alle Werthe von $\mathfrak{F}$ bestimmbar, wenn man für ein [33] Werthsystem der Parameter die Capacität Γ kennt, und für jede constante Temperatur die Arbeit zwischen diesem und jedem andern Werthsystem berechnen kann.

Die Function $\mathfrak{F}$ fällt, wie wir gesehen haben, für isotherme Veränderungen mit dem Werthe der **potentiellen Energie** für die unbeschränkt verwandelbaren Arbeitswerthe zusammen. Ich schlage deshalb vor, diese Grösse die **freie Energie** des Körpersystems zu nennen.

Die Grösse
$$U = \mathfrak{F} - \vartheta \cdot \dfrac{\partial \mathfrak{F}}{\partial \vartheta} = \mathfrak{F} + \mathfrak{J} \cdot \vartheta \cdot S$$
könnte, wie bisher, als die **gesammte (innere) Energie** bezeichnet werden; die etwa vorhandene lebendige Kraft der Massen des Systems bleibt von $\mathfrak{F}$ wie von U ausgeschlossen, so weit sie zu den frei verwandelbaren Arbeitsäquivalenten gehört, und nicht zu Wärme geworden ist. Dann könnte man die Grösse
$$U - \mathfrak{F} = -\vartheta \cdot \dfrac{\partial \mathfrak{F}}{\partial \vartheta} = \mathfrak{J} \cdot \vartheta \cdot S$$
als die **gebundene Energie** bezeichnen.

Vergleicht man den Werth der gebundenen Energie
$$U - \mathfrak{F} = \mathfrak{J} \cdot \vartheta \cdot S$$

mit der Gleichung 1$_a$
$$dQ = \vartheta \cdot dS,$$
so ergiebt sich, dass die gebundene Energie das mechanische Aequivalent derjenigen Wärmemenge darstellt, die bei der Temperatur ϑ in den Körper eingeführt werden müsste, um den Werth S seiner Entropie hervorzubringen.

Zu bemerken ist, dass alle diese Werthe von U, $\mathfrak{F}$, S nur die Ueberschüsse derselben über die entsprechenden Werthe des Normalzustandes darstellen, von dem man als Anfangspunkt bei der Berechnung derselben ausgegangen ist, da uns noch die Thatsachen mangeln, um bis auf den absoluten Nullpunkt der Temperatur zurückgehen zu können.

Wir bedürfen schliesslich in diesem Gebiete noch eines Ausdrucks, um das, was die theoretische Mechanik bisher als lebendige Kraft oder actuelle Energie bezeichnet hat, deutlich zu unterscheiden von den Arbeitsäquivalenten der Wärme, die doch auch grösstentheils als lebendige Kraft unsichtbarer Molecularbewegungen aufzufassen sind. Ich möchte vorschlagen, erstere als »die lebendige Kraft geordneter Bewegung« zu bezeichnen. Geordnete Bewegung nenne ich eine solche, bei welcher die Geschwindigkeitscomponenten der bewegten Massen als differenzirbare Functionen der Raumcoordinaten [34] angesehen werden können. Ungeordnete Bewegung dagegen wäre eine solche, bei welcher die Bewegung jedes einzelnen Theilchens keinerlei Art von Aehnlichkeit mit der seiner Nachbarn zu haben brauchte. Wir haben allen Grund zu glauben, dass die Wärmebewegung von letzterer Art ist, und man dürfte in diesem Sinne die Grösse der Entropie als das Maass der Unordnung bezeichnen. Für unsere, dem Molecularbau gegenüber verhältnissmässig groben Hülfsmittel ist nur die geordnete Bewegung wieder in andere Arbeitsformen frei verwandelbar.*)

§ 2.

Die Arbeitsleistungen ausgedrückt durch die freie Energie.

Nachdem somit festgestellt ist, wie die Function $\mathfrak{F}$ zu bilden, und wie aus ihr die beiden Functionen U und S ab-

---

*) Ob eine solche Verwandlung den feinen Structuren der lebenden organischen Gewebe gegenüber auch unmöglich sei, scheint mir immer noch eine offene Frage zu sein, deren Wichtigkeit für die Oekonomie der Natur in die Augen springt.

Die Thermodynamik chemischer Vorgänge. 31

zuleiten sind, ist es leicht, auch die beiden andern in den *Clausius*'schen Gleichungen vorkommenden, nicht mehr allgemein integrirbaren Grössen dW und dQ auszudrücken.

Zur Abkürzung der Bezeichnung wollen wir die Aenderungen, die eine beliebige Function der Coordinaten erleidet, wenn die Parameter p_a, aber nicht die Temperatur variiren, mit dem Zeichen δ anzeigen, die vollständige Variation aber, wo auch die Temperatur variirt, mit d. Für eine beliebige Function φ der p_a und des ϑ wäre also

$$\delta\varphi = \sum\nolimits_a \left[\frac{\partial\varphi}{\partial p_a}\delta p_a\right]$$

$$d\varphi = \delta\varphi + \frac{\partial\varphi}{\partial\vartheta}d\vartheta.$$

Demnach ist die frei verwandelbare äussere Arbeit

$$dW = \sum(P_a \cdot dp_a) = -\delta\mathfrak{F}$$
$$= -d\mathfrak{F} + \frac{\partial\mathfrak{F}}{\partial\vartheta}\cdot d\vartheta = -d\mathfrak{F} - \mathfrak{F}\cdot S\cdot d\vartheta \ldots \Big\} \ 1_\mathrm{m}.$$

Die gleichzeitig einströmende Wärme wäre nach Gleichung 1

$$\mathfrak{F}\cdot dQ = dU - \delta\mathfrak{F}$$

oder mit Benutzung des in 1_h gefundenen Werthes von U

$$\mathfrak{F}\cdot dQ = d\mathfrak{F} - d\left[\vartheta\cdot\frac{\partial\mathfrak{F}}{\partial\vartheta}\right] - \delta\mathfrak{F}$$
$$= -\vartheta\cdot d\left[\frac{\partial\mathfrak{F}}{\partial\vartheta}\right] = \vartheta\mathfrak{F}\cdot dS \ \ldots\ldots\ldots \Big\} \ 1_\mathrm{n},$$

wie es 1_a und 1_g fordern.

[35] Durch diese Festsetzungen für dQ und dW sind die in 1 und 1_a aufgestellten Grundgleichungen des Systems auch für den Fall mehrerer Parameter identisch erfüllt und damit auch alle aus diesen von Hrn. *Clausius* und andern Physikern abgeleiteten Folgerungen.

Was die Kreisprozesse betrifft, so können wir die Arbeit derselben berechnen unter der aus 1_m genommenen Form:

$$dW = -d\mathfrak{F} - \mathfrak{F}\cdot S\cdot d\vartheta \ldots\ldots \Big\} \ 1_\mathrm{m}.$$

Wenn die Reihe der eingeschlagenen Veränderungen von der besonderen Art ist, dass während derselben S als eine eindeutige Function von ϑ dargestellt werden kann, etwa in der Form:

$$S = \frac{\partial \sigma}{\partial \vartheta}, \quad \ldots \ldots \ldots \ldots \quad \Big\} \; 2,$$

wo σ eine Function nur von ϑ, so ist

$$dW = d\mathfrak{F} - \mathfrak{F} \cdot d\sigma;$$

und da die rechte Seite ein vollständiges Differential ist, ist es auch die linke, folglich für eine in sich zurücklaufende Reihe von Aenderungen:

$$\int dW = 0.$$

Hierbei ist also nicht nöthig, dass beim Rückweg genau dieselben Werthsysteme der Parameter p_a für jeden Werth von ϑ eintreten, wie beim Hinweg, sondern nur, dass für jeden Werth von ϑ auch immer wieder derselbe Werth von S eintritt. Insofern hat der Kreisprozess ohne Arbeit hier eine grössere Freiheit, als im Fall des einzigen Parameters.

Andererseits zeigt sich hier, dass

$$\int_1^2 dW = \mathfrak{F}_1 - \mathfrak{F}_2$$

auch dann, wenn während der Veränderung die Gleichung 2 bestehen bleibt, und

$$\vartheta_2 = \vartheta_1,$$

aber die Parameter p_a am Ende andere Werthe als am Anfang haben.

Der einfachste Fall der Gleichung 2 ist der der **adiabatischen** Aenderung

$$S = \mathit{Const.}$$

Dann ist

$$\int_1^2 dW = \mathfrak{F}_1 - \mathfrak{F}_2 + \mathfrak{F} \cdot S(\vartheta_1 - \vartheta_2).$$

Wenn man die im Werthe von $\mathfrak{F}$ und S enthaltene Constante S_0 so wählt, dass der hierin enthaltene Werth $S = 0$ wird, so ist ebenfalls einfach die äussere Arbeit durch die Differenz der Werthe von $\mathfrak{F}$ zu [**36**] Anfang und Ende der Aenderung gegeben. Nur muss dann aus dem Werthe von $\mathfrak{F}$ noch die Temperatur eliminirt werden mittels der Gleichung:[33)]

$$\frac{\partial \mathfrak{F}}{\partial \vartheta} = 0.$$

Arbeit kann also, wie Gleichung 1_m zeigt, auch im Falle mehrerer Parameter durch einen vollständigen Kreisprozess nur geleistet werden, wenn das Integral

$$\int S \cdot d\vartheta < 0$$

oder

$$\int \vartheta \cdot dS > 0 ,\,^{34})$$

d. h., das Steigen von ϑ muss überwiegend bei kleineren Werthen von S, dagegen das Steigen von S, oder die positiven Werthe von dQ, müssen auf höhere Werthe von ϑ fallen. Die Werthe der Parameter können dabei aber jede Art der Aenderung erleiden, welche mit dem für jeden Werth von ϑ bestimmten Werthe von S verträglich ist.

Uebergang freier Arbeit in gebundene.

Der Werth der gebundenen Arbeit, den ich mit $\mathfrak{G}$ bezeichnen will, ist:

$$\mathfrak{G} = \mathfrak{J} \cdot \vartheta \cdot S,$$

ihre Aenderung also:

$$d\mathfrak{G} = \mathfrak{J} \cdot \vartheta \cdot dS + \mathfrak{J} \cdot S \cdot d\vartheta$$
$$= \mathfrak{J} \cdot dQ + \mathfrak{J} \cdot S \cdot d\vartheta.$$

Dagegen

$$d\mathfrak{F} = \delta\mathfrak{F} + \frac{\partial \mathfrak{F}}{\partial \vartheta} \cdot d\vartheta$$
$$= -dW - \mathfrak{J} \cdot S \cdot d\vartheta.$$

Das heisst also, $\mathfrak{G}$ wächst erstens regelmässig auf Kosten der hinzugeleiteten Wärme dQ, zweitens bei Temperatursteigerungen auf Kosten der freien Energie um die Grösse $\mathfrak{J} \cdot S \cdot d\vartheta$. Die freie Energie vermindert sich um diesen letzteren Betrag und um den Betrag der nach aussen geleisteten Arbeit, wie es unmittelbar die Gleichung

$$-\frac{\partial \mathfrak{F}}{\partial \vartheta} d\vartheta = \mathfrak{J} \cdot S \cdot d\vartheta$$

zeigt. Dadurch erhält die Variation von $\mathfrak{F}$, die der Variation von ϑ entspricht, auch ihre Bedeutung als Arbeitsleistung, und die »Entropie« S erscheint als die **Wärmecapacität für die auf Kosten [37] der freien Energie bei adiabatischem Uebergange erzeugten Wärme.**

Bei allen isothermen Veränderungen, wo $d\vartheta = 0$, wird Arbeit nur auf Kosten der freien Energie geleistet. Die gebundene ändert sich dabei auf Kosten der ein- oder austretenden Wärme.

Bei allen adiabatischen Veränderungen, wo $dQ = 0$, wird Arbeit erzeugt auf Kosten der freien, wie der gebundenen Energie.

In allen andern Fällen kann man die Sache so ansehen, dass alle äussere Arbeit auf Kosten der freien Energie geliefert wird, alle Wärmeabgabe auf Kosten der gebundenen und endlich bei jeder Temperatursteigerung im System freie Energie in dem angegebenen Betrage in gebundene übergeht.

Das letztere kann nun auch bei den irreversiblen Prozessen dadurch geschehen, dass freie Energie in lebendige Kraft, und letztere durch reibungsähnliche Vorgänge theilweise oder ganz in Wärme verwandelt wird. Wenn das letztere der Fall ist, wird einfach

$$dQ = dU,$$

also die beim Uebergange von dem durch den Index 1 bezeichneten Anfangszustande zu dem durch 2 bezeichneten Endzustande abgegebene Wärme:

$$\mathfrak{J}Q = U_1 - U_2.$$

Dies ist die bisher bei den Untersuchungen über Wärmebindung chemischer Prozesse bestimmte Grösse, wobei man dem Anfangs- und Endzustand gleiche Temperatur gab. Die freie Arbeit beim isothermen Uebergang ist davon wesentlich verschieden, nämlich:

$$W = \mathfrak{F}_1 - \mathfrak{F}_2,$$

und kann also auch nicht, wie ich schon in der Einleitung bemerkt, durch blosse Bestimmung der gesammten Wärmeentwicklung gefunden werden.

Bedingung des Gleichgewichts und Richtung der von selbst eintretenden Aenderungen.

Da bei verschwindend kleinen Aenderungen nur die durch die Variation der Parameter bedingte Grösse $\delta\mathfrak{F}$ für alle Leistungen von frei verwandelbarer Arbeit in Betracht kommt, ganz unabhängig von dem Werthe der gleichzeitig stattfindenden Temperaturänderung $d\vartheta$, so ergiebt sich zunächst, dass ohne Zutritt reversibler äusserer Arbeitsäquivalente, zu denen auch die lebendige Kraft geordneter Bewegung gehören würde, ein mit der Zeit δt wachsender positiver Werth von $\delta \mathfrak{F}$ nicht eintreten kann.[35] Es kann unter solchen Bedingungen das Verhältniss $\dfrac{\delta \mathfrak{F}}{\delta t}$ nur Null oder negativ sein. Das Beharren in dem gegebenen [38] Zustande würde also gesichert sein, wenn für alle möglicherweise eintretenden Veränderungen der Parameter bei der zeitweiligen Temperatur

$$\delta \mathfrak{F} \geqq 0.$$

Wenn durch Steigerung der Temperatur ein Punkt erreicht werden kann, wo $\delta \mathfrak{F}$ durch Null in negative Werthe überzugehen anfinge, so würde bei chemischen Verbindungen hier das Phänomen der Dissociation eintreten.[36] Unterhalb dieses Punktes aber würde mit sinkender Temperatur $\delta \mathfrak{F}$ steigen müssen, d. h. der Differentialquotient

$$\frac{\partial}{\partial \vartheta}\left[\delta \mathfrak{F}\right] = \delta\left[\frac{\partial \mathfrak{F}}{\partial \vartheta}\right] = -\mathfrak{F} \cdot \delta S$$

würde negative Werthe, δS also positive haben müssen. Da nun, für $d\vartheta = 0$,

$$dQ = \vartheta \cdot dS,$$

so ergiebt sich, dass alle chemischen Verbindungen, die bei höherer Temperatur sich dissociiren, wenigstens in den zunächst unter der Dissociationstemperatur gelegenen Theilen der thermometrischen Scala Wärme abgeben müssen, wenn sie sich auf reversiblem Wege bilden, Wärme binden müssen, wenn sie zerlegt werden.

Umgekehrt wird es bei solchen sein, die in der Kälte in ihre Bestandtheile zerfallen, wie z. B. die Lösungen krystallisirbarer Salze.

Mit diesen allgemeinen Folgerungen stimmen in der That die oben erwähnten Beobachtungen an galvanischen Elementen.

Um schliesslich noch einmal die wesentlichen Beziehungen der Function $\mathfrak{F}$, aus denen ihre physikalische Bedeutung und ihre Eigenschaften sich herleiten, zusammenzustellen, so sind dies folgende:

1. Alle äussere reversible Arbeit entspricht der durch die Aenderung der Parameter bedingten Aenderung der Function $\mathfrak{F}$

$$dW = -\delta \mathfrak{F}.$$

2. Der Differentialquotient $\dfrac{\partial \mathfrak{F}}{\partial \vartheta}$ kann sich nur verändern durch Zuleitung von neuer Wärme dQ. Unter »neuer Wärme« verstehe ich solche, die entweder aus den Körpern der Umgebung zugeleitet oder durch Ueberführung[37]) frei verwandelbarer Arbeitsäquivalente in Wärme neu erzeugt ist:

$$d\left[\frac{\partial \mathfrak{F}}{\partial \vartheta}\right] = -\frac{1}{\vartheta}\cdot \mathfrak{J}\cdot dQ.$$

Hierbei ist zu bemerken, dass bei Verwandlung von dW in Wärme dQ
$$dW = \mathfrak{J}\cdot dQ.$$

[39] 3. Der Differentialquotient

$$\frac{\partial^2 \mathfrak{F}}{\partial \vartheta^2} = -\mathfrak{J}\cdot \frac{1}{\vartheta}\cdot \Gamma$$

ist nothwendig stets negativ.

Dass Γ nothwendig positiv sei, wird in allen thermodynamischen Untersuchungen stillschweigend vorausgesetzt, ist aber wesentliche Bedingung dafür, dass nur der Uebergang von Wärme aus höherer in niedere Temperatur Arbeit erzeugen könne.

Was die Beziehungen mehrerer verschieden temperirter Körper oder Körpersysteme zu einander betrifft, so ist die Function $\mathfrak{F}$ eines jeden einzelnen gänzlich unabhängig von denen der anderen. Ihre Beziehungen zu einander sind nur dadurch gegeben, dass sie sich freie Energie und Wärme gegenseitig mittheilen können, und dass bei reversiblen Prozessen beide Quanta in unveränderter Grösse übergehen; bei irreversiblen kann, wie schon bemerkt, Arbeit in Wärme übergehen. Für solche Uebergänge kommt noch die neue Bedingung der Reversibilität hinzu, dass der Uebergang von Wärme nur zwischen gleich temperirten Körpern erfolgen darf. In allen diesen Beziehungen ändert sich nichts durch die hier ausgeführte Verallgemeinerung und veränderte Ausdrucksweise der Prinzipien.

Nachträglicher Zusatz.[38]) Es ist oben vielleicht nicht deutlich genug hervorgehoben, dass die entwickelten Sätze nur gelten, wenn die Parameter so gewählt sind, dass bei ihrer Constanz Aenderung der Temperatur mit keiner Arbeitsleistung verbunden ist.

[825]
Zur Thermodynamik chemischer Vorgänge.

Zweiter Beitrag.*)

Von

H. Helmholtz.

(Sitzungsberichte der kgl. preuss. Akad. d. Wissensch. Berlin 1882.
Erster Halbband. S. 825—836.)

Es lag mir daran, für die thermodynamischen Theoreme, die ich in meiner unter dem 2. Februar d. J. der Classe gemachten Mittheilung aus dem zweiten Axiom der mechanischen Wärmetheorie hergeleitet hatte, genauer quantitativ durchgeführte experimentelle Prüfungen an geeigneten Beispielen anzustellen. Die Zahl der dafür passenden Fälle ist bisher nicht gerade gross. Um die Anwendbarkeit der Theoreme zu prüfen, muss die betreffende chemische Veränderung in mindestens zwei verschiedenen Weisen zu genau messbarer und reversibler Arbeitsleistung verwendet werden können. Dies ist zunächst möglich für die Aenderung der Concentration von Lösungen. Eine solche kann durch Verdunstung, beziehlich Niederschlag von Dämpfen, aber auch durch Elektrolyse herbeigeführt werden.

Dass die Unterschiede der elektromotorischen Kraft galvanischer Elemente, welche durch Unterschiede in der Concentration der als Elektrolyte angewendeten Salzlösungen hervorgebracht werden, aus den Dampfspannungen dieser Lösungen thermodynamisch berechnet werden können, zeigen schon die Versuche von Hrn. *James Moser*, welche derselbe zur Prüfung meiner unter dem 26. November 1877 der Akademie mitgetheilten Theoreme angestellt hat.**) Aber in jenen

---
*) Sitzber. d. k. pr. Ak. d. Wiss. Berlin 1882. I. S. 22.
**) *Wiedemann*'s Annalen d. Physik u. Chemie. Bd. III. S. 216 —219; Bd. XIV. S. 62—85.

Beispielen hängt der Erfolg wesentlich von der Geschwindigkeit ab, mit der die elektrolytische Fortführung verschiedener Bestandtheile in der Flüssigkeit vor sich geht. Dadurch wird eine weitere Verwickelung der Vorgänge eingeführt, die in Rechnung gezogen werden muss, und [**826**] über deren Grösse, namentlich in concentrirteren Lösungen, bisher nur wenige für unseren Zweck hinreichend vollständige Messungsreihen vorliegen. Von der Einmischung dieses Processes aber können wir uns frei machen, wenn wir galvanische Elemente mit einer Flüssigkeit und einer unlöslichen depolarisirenden Substanz anwenden, wie solche von *Leclanché*, *Pincus*, *Warren de la Rue*, *Latimer Clark* u. A. m. gebaut worden sind.[39]) Diese Ketten, zu denen auch die in meiner letzten Mittheilung erwähnten Kalomelketten gehören, sind allerdings nicht im Stande, starke dauernde Ströme zu geben, aber zur Messung elektromotorischer Kräfte nach *Poggendorff*'s Methode der Compensation sind sie zum Theil sehr geeignet, da sie dabei nur stromlos angewendet werden. Bei diesen Versuchen kann man auch die von mir vorgeschlagenen Kalomelketten recht wohl anwenden, um den compensirenden Strom zu erzeugen. Die Bestandtheile einer solchen Kette sind:

Zink,
Chlorzinklösung (fünf bis zehn Procent Salz enthaltend),
Kalomel, fein gepulvert,
Quecksilber.

Zwei solche Elemente nebeneinander verbunden, geben in einem Kreise von 10 000 *Siemens*'schen Widerstandseinheiten einen Strom, der Monate lang ohne merkliche Polarisation der Elektroden andauern kann, und bei Anwendung eines sehr empfindlichen Galvanometers ausreichend ist, um Unterschiede von einem Milliontel der elektromotorischen Kraft eines *Daniell*-schen Elements noch erkennen zu lassen. Die elektromotorische Kraft dieser Ketten wird durch Temperaturschwankungen sehr wenig beeinflusst (sie steigt um etwa 0,0002 ihres Betrages für 1° C.) und ihr Widerstand ist verschwindend gegen den von 10 000 *Siemens*' Einheiten. Nach Durchgang stärkerer Ströme ist allerdings Polarisation vorhanden, ebenso stört mechanische Erschütterung, wobei die Quecksilberfläche theils gedehnt, theils zusammengezogen wird, und die von Hrn. *G. Lippmann* beobachteten elektromotorischen Kräfte auftreten. Aber in den Elementen, welche über fünf Procent $ZnCl_2$ in der Lösung enthalten, verschwinden diese Störungen der Regel nach in fünf bis zehn Minuten. Bei noch stärker verdünnter Lösung werden die Elemente aber so empfindlich gegen Erschütterungen, dass der Magnet des Galvanometers hier in Berlin wenigstens unter dem Einflusse der von der Strasse kommenden Vibrationen fortdauernd unruhig hin- und hergeht.

Da Chlorzink unter den für galvanische Elemente geeigneten Salzen dasjenige ist, für dessen Lösungen die ausführlichste Reihe von Beobachtungen der Dampfspannung vorliegt, so habe ich zunächst die beschriebenen Kalomel-Elemente den Messungen unterworfen. Im [827] Verlaufe der Versuche stellten sich freilich dabei einige Schwierigkeiten heraus, die zu ihrer vollständigen Lösung die Hülfe eines in chemischen Arbeiten gewandteren Beobachters verlangen würden.

Berechnung der freien Energien in Salzlösungen.

Ein Strom, der in der Richtung vor sich geht, wie ihn die elektromotorische Kraft dieser Elemente zu erregen strebt, löst Zink auf, während eine äquivalente Menge des Kalomels reducirt wird und ihr Chlor abgiebt. Es entsteht also neugebildetes Zinkchlorid $ZnCl_2$, was in die Lösung übergeht. Andererseits zerfällt ungelöstes festes Quecksilbersalz Hg_2Cl_2 in Hg_2, welches sich dem übrigen Quecksilber zumischt, und Cl_2, welches an das Zink tritt. Bei umgekehrter Stromrichtung wird im Gegentheil Zink aus der Lösung reducirt und neues Mercurochlorid gebildet. Bei verschiedener Concentration der Flüssigkeit ändert sich in diesen Vorgängen nur, dass das neugebildete Zinkchlorid in eine anders concentrirte Lösung desselben Salzes eintritt, beziehlich das ausgeschiedene aus einer solchen austritt. Ausser den chemischen Kräften, welche die Bildung des Chlorzinks auf Kosten des Kalomels begünstigen, kommen also noch in Betracht diejenigen, welche das gebildete Chlorzink in wässerige Lösung überzuführen suchen; diese werden in verdünnten Lösungen, wie gleich von vorn herein zu vermuthen ist, wirksamer sein, als in concentrirteren. In der That zeigen die Versuche sogleich, dass die verdünnteren Lösungen den Elementen grössere elektromotorische Kraft geben.

Wenn man, wie es bei den Versuchen geschah, zwei Elemente mit verschieden concentrirten Lösungen einander entgegensetzt, so wird ein Strom, der durch beide geht, im einen so viel $ZnCl_2$ bilden, als im andern zerlegt wird, und im ersten so viel Hg_2Cl_2 zerlegen, als im zweiten gebildet wird. Aber wenn in eine verdünntere Lösung Chlorzink eintritt, und dieselbe Quantität aus einer concentrirteren austritt, so wird dies ein Vorgang sein, der Arbeit leisten, also auch als elektromotorische Kraft einen Strom erregen kann. Dieser Prozess ist übrigens bei geringer Stromintensität, bei welcher die dem Quadrate derselben proportionale Wärmeentwickelung im Schliessungsbogen verschwindet, und nur die der Intensität direct proportionalen Grössen zu beachten sind, vollkommen reversibel.

Nun können wir aber die Concentration von solchen Lösungen auch auf einem zweiten vollkommen reversiblen Wege, nämlich durch Verdunstung ändern.

Es sei w die Menge Wasser in der Lösung eines Salzes und s die Menge Salz. Um die beiden Bestandtheile von einander zu trennen, [828] wird ein Arbeitsaufwand nöthig sein, und zwar für jedes Milligramm der Lösung ein Aufwand von gleicher Grösse, der aber je nach der Concentration verschieden sein kann. Setzen wir

$$\frac{w}{s} = h \quad \ldots \ldots \ldots \ldots \} 1$$

so wird der Arbeitsaufwand für jede Masseneinheit eine Function von h sein müssen, die wir mit F_h bezeichnen wollen, also für die gesammte vorhandene Lösung wird die ihrer Bildung entsprechende freie Energie sein:[10])

$$\mathfrak{F} = (w+s)F_h \quad \ldots \ldots \ldots \} 1_a$$

oder mit Berücksichtigung von Gleichung 1

$$\mathfrak{F} = s(1+h)F_h \quad \ldots \ldots \ldots \} 1_b$$

Wenn wir die Wassermenge sich ändern lassen durch Verdampfung oder Niederschlag von Wasser, während s constant bleibt, wird:

$$\frac{\partial \mathfrak{F}}{\partial w} = s \frac{\partial}{\partial h}[(1+h)F_h]\frac{\partial h}{\partial w}$$

oder mit Berücksichtigung des Werthes von h

$$\frac{\partial \mathfrak{F}}{\partial w} = \frac{\partial}{\partial h}[(1+h)F_h] \quad \ldots \ldots \} 1_c$$

Diese Grösse, multiplicirt mit dw, giebt die Arbeit an, welche für jede reversible Ueberführung der Wassermenge dw bei constant gehaltener Temperatur aus reinem Wasser an die

Lösung zu verwenden ist. Bezeichnen wir mit p den Druck des Dampfes, mit v das Volumen seiner Masseneinheit, so wird zu setzen sein[41])

$$\frac{\partial \mathfrak{F}}{\partial w} = -\int_{h=\infty}^{h=h} p \cdot dv \ \ \ \ \ \ \ \ \ \Big\} 2$$

Vernachlässigt sind dabei die kleinen Aenderungen im Volumen der tropfbaren Flüssigkeiten, da diese in den hier zunächst berücksichtigten Fällen gegen das Dampfvolumen verschwinden. Uebrigens hat es keine Schwierigkeit, die Formeln in dieser Beziehung zu vervollständigen.

Bezeichnen wir in Gleichung 2 die Werthe von p und v, die dem gesättigten Dampfe des reinen Wassers, d. h. dem Werthe $h = \infty$, entsprechen, mit P und V, so haben wir bei Berechnung des Integrals in Gleichung 2 drei Perioden zu unterscheiden. Erstens müssen wir die Wassermenge dw aus reinem Wasser verdampfen lassen, dies giebt als entsprechenden Betrag des obigen Integrals die Arbeit

$$P \cdot V \cdot dw \, .$$

Dann müssen wir den Dampf ausser Berührung mit Wasser sich weiter dehnen lassen, bis er das specifische Volumen v_h des über der Salzlösung [**829**] stehenden gesättigten Dampfes hat: dies giebt zum Integrale den Betrag

$$dw \int_V^{v_h} p \cdot dv \, .$$

Endlich ist der Dampf in Berührung mit der Salzlösung unter dem constant bleibenden Drucke p_h zu comprimiren. Dies giebt den letzten Betrag

$$- p_h \cdot v_h \cdot dw \, .$$

Folglich ist

$$\frac{\partial \mathfrak{F}}{\partial w} = - P \cdot V - \int_V^{v_h} p \cdot dv + p_h \cdot v_h,$$

oder nach partieller Integration

$$\frac{\partial \mathfrak{F}}{\partial w} = \int_P^{p_h} v \cdot dp = -\int_h^\infty v \cdot \frac{\partial p}{\partial h} \cdot dh \ \ \ \ \ \Big\} 2_\mathrm{a}$$

Da nach Gleichung 1$_c$ das $\frac{\partial \mathfrak{F}}{\partial w}$ eine Function von h allein ist, ebenso rechts v und p nur Functionen von h sind, kann die Gleichung 2$_a$ nach h differenzirt werden, und ergiebt

$$\frac{\partial^2}{\partial h^2}[(1+h)F_h] = v_h \cdot \frac{\partial p}{\partial h} \quad \ldots \quad \Bigg\} 2_b$$

Nach den Auseinandersetzungen in § 1 meines ersten Beitrags ist die Grösse $-\frac{\partial \mathfrak{F}}{\partial w}$ als die **Kraft zu bezeichnen, mit der Wasser von der Lösung angezogen wird.** Gleichung 2$_a$ lehrt deren Betrag aus dem Dampfdruck berechnen.

Andererseits erhalten wir aus Gleichung 1$_b$, wenn wir nach s partiell differenziren,

$$\frac{\partial \mathfrak{F}}{\partial s} = (1+h)F_h - h\frac{\partial}{\partial h}[(1+h)F_h] \quad \ldots \Bigg\} 1_d$$

Wenn ein galvanischer Strom von der Intensität J durch eines unserer Elemente geht, und q diejenige Menge des Salzes bezeichnet, welche durch die Stromeinheit in der Zeiteinheit aufgelöst wird, so wird in t Secunden durch die Auflösung des Salzes der vorhandene Energievorrath vermehrt um

$$\frac{\partial \mathfrak{F}}{\partial s} \cdot J \cdot q \cdot t = J \cdot q \cdot t\left\{(1+h)F_h - h \cdot \frac{\partial}{\partial h}[(1+h)F_h]\right\}$$

Nun ist die Arbeit, welche eine elektromotorische Kraft A verrichtet, wenn ein Strom J während der Zeit t in der Richtung, nach [830] der A wirkt, durch den Leiter fliesst, gleich AJt, vorausgesetzt, dass die Einheit von A dieser Bestimmung entsprechend gewählt ist.

Ich werde im Folgenden nach Ampères und Volts rechnen; dabei muss aber dann auch die Arbeit der Dämpfe in den entsprechenden Einheiten, nämlich cg. 10^{-9} für Masse, cm. 10^3 für Längen, und Secunden für die Zeit, berechnet werden. Die in $C \cdot G \cdot S$ Maass berechnete Arbeit der Dämpfe ist also mit 10^{-7} zu multipliciren, um sie in jenes Maass zu übertragen.[12]

Aus der letzten Gleichung folgt also:[13]

$$A = -q\left\{(1+h)F_h - h\frac{\partial}{\partial h}[(1+h)F_h]\right\} \ldots \Bigg\} 2.$$

Zur Thermodynamik chemischer Vorgänge. 43

und mit Berücksichtigung von Gleichung (2$_b$)

$$\frac{\delta A}{\delta h} = qh \cdot \frac{\delta^2}{\delta h^2}[(1+h)F_h] = q\ h \cdot v \cdot \frac{\delta p}{\delta h} \quad \cdot \cdot \Bigg\} 2_d$$

Das Zeichen ist hier so gewählt, dass ein die metallische Basis des Salzes auflösender Strom und die in seiner Richtung wirkende elektromotorische Kraft gleichzeitig als positiv gelten.

Haben wir Ausscheidung des Salzes in einer Zelle mit dem Verdünnungswerthe h_0 und Auflösung in einer anderen vom Werthe h_1, so wird durch Integration nach h aus der Gleichung 2$_d$ gefunden:

$$A_1 - A_0 = q\int_0^1 h \cdot v \cdot \frac{\delta p}{\delta h} \cdot dh \ \ldots \ \Bigg\} 2_e$$

Diese Gleichung lässt die den Unterschieden des Wassergehalts der Lösung entsprechenden elektromotorischen Kräfte aus den Dampfspannungen berechnen.

Da bei den Temperaturen unter 40° die Dichtigkeit auch der gesättigten Dämpfe reinen Wassers sehr klein ist, so können wir die Grösse v durch die Gesetze der vollkommenen Gase bestimmen, und indem wir mit V_0 und P_0 die Grössen von v und p für reines Wasser bei der absoluten Temperatur Θ bezeichnen, können wir setzen

$$\frac{P_0 \cdot V_0}{\Theta} = \frac{p \cdot v}{\vartheta} \ \ldots \ \ldots \ \Bigg\} 3$$

und

$$A_1 - A_0 = \frac{\vartheta q \cdot P_0 \cdot V_0}{\Theta} \int_0^1 h \cdot \frac{\delta \log \cdot p}{\delta h} \cdot dh \ \ldots \Bigg\} 3_a$$

Da für das Chlorzink noch keine Beobachtungen über Dampfspannung bei verschiedenen Temperaturen vorliegen, ist es nützlich, noch folgende Beziehungen zu bemerken.

Wenn wir die Gleichung 2$_d$ nach der absoluten Temperatur ϑ differenziren, so erhalten wir

[831]
$$\frac{\delta^2 A}{\delta h \cdot \delta \vartheta} = q \cdot h \cdot \frac{\delta^2}{\delta h^2}\Big[(1+h)\frac{\delta F}{\delta \vartheta}\Big] \ \ldots \ \Bigg\} 4$$

und wenn wir 4 mit ϑ multipliciren und von 2$_d$ abziehen, giebt es [44])

$$\frac{\partial}{\partial h}\left\{A - \vartheta \cdot \frac{\partial A}{\partial \vartheta}\right\} = q \cdot h \cdot \frac{\partial}{\partial h}\left[\frac{\partial \mathfrak{F}}{\partial w} - \vartheta \cdot \frac{\partial^2 \mathfrak{F}}{\partial \vartheta \cdot \partial w}\right]. \right\} 4_a,$$

wobei zu berücksichtigen ist, dass $\frac{\partial \mathfrak{F}}{\partial w}$, also auch dessen Differentialquotient nach ϑ, die Grössen w und s nur implicite in h enthalten. Nun ist aber, wie in dem früheren Aufsatze gezeigt wurde,

$$\mathfrak{F} - \vartheta \cdot \frac{\partial \mathfrak{F}}{\partial \vartheta} = U$$

und U die gesammte innere Energie, freie und gebundene zusammengenommen. Daher ist $\frac{\partial U}{\partial w}$ auch nur Function von h, und $\frac{\partial U}{\partial w} \cdot dw$ bezeichnet das mechanische Aequivalent der Wärmemenge, welche bei dem Zusatz der Wassermenge dw zur Salzlösung zugeführt werden muss, um die Temperatur der Lösung constant zu halten, wenn das Wasser entweder direct und ohne Leistung äusserer Arbeit oder unter Rückverwandlung von letzterer in Wärme zugesetzt wurde.

Setzen wir also $-\frac{\partial U}{\partial w} = W$, so ist W die durch Verdünnung mit der Gewichtseinheit Wasser zu entwickelnde Wärmemenge, ebenfalls nur eine Function von h und ϑ, und Gleichung 4_a wird:

$$\frac{\partial}{\partial h}\left\{A - \vartheta \cdot \frac{\partial A}{\partial \vartheta}\right\} = - q \cdot h \frac{\partial W}{\partial h} \ \ldots \right\} 4_b.$$

Daraus folgt, dass bei Lösungen, welche bei weiterer Verdünnung keine Wärme entwickeln oder latent machen, die von der Concentration der Lösung abhängigen Theile der elektromotorischen Kraft proportional der absoluten Temperatur wachsen müssen, da dann

$$\frac{\partial A}{\partial h} = \vartheta \cdot \frac{\partial^2 A}{\partial \vartheta \cdot \partial h}$$

wird, oder

$$d(\log \vartheta) = d\left(\log \frac{\partial A}{\partial h}\right)$$

$$\frac{\partial A}{\partial h} = C \cdot \vartheta$$

Zur Thermodynamik chemischer Vorgänge.

sein muss. Da für reines Wasser ($h = \infty$), $W = 0$ wird, ist bei negativem Werthe von $\dfrac{\partial W}{\partial h}$ die Grösse W selbst nothwendig positiv und umgekehrt. Also wenn Verdünnung Wärme erzeugt, wird $\dfrac{\partial A}{\partial h}$ [**832**] langsamer wachsen müssen, als die absolute Temperatur, im gegentheiligen Falle schneller.[45)]

Führen wir die Annahme 3 in 2_d ein, so wird

$$\frac{\partial A}{\partial h} - \vartheta \cdot \frac{\partial^2 A}{\partial h \cdot \partial \vartheta} = - q \cdot h \cdot \frac{V_0 \cdot P_0}{\Theta} \cdot \vartheta^2 \cdot \frac{\partial^2}{\partial h \cdot \partial \vartheta}[\log p] = - qh \cdot \frac{\partial W}{\partial h}.$$

Also
$$\frac{\partial W}{\partial h} = \frac{V_0 \cdot P_0}{\Theta} \cdot \vartheta^2 \cdot \frac{\partial^2}{\partial h \cdot \partial \vartheta}(\log p).$$

Dies integrirt nach h bis $h = \infty$, wo $W = 0$ sein muss, giebt

$$W = \frac{V_0 \cdot P_0}{\Theta} \vartheta^2 \frac{\partial}{\partial \vartheta}\left[\log \frac{p}{P}\right] \quad \ldots \ldots \Big\} 4_\mathrm{c}$$

welche Gleichung die Verdünnungswärme aus den Temperaturänderungen der Dampfspannungen zu berechnen erlaubt, oder letztere aus ersterer.[46)]

Zur Berechnung der Versuche.

Bei Salzlösungen von geringem Salzgehalt hat Hr. *Wüllner* gefunden, dass nahehin

$$P - p = \frac{b}{h} \cdot P \ldots \ldots \ldots \Big\} 5,$$

wo b eine von der Natur des Salzes abhängende Constante bezeichnet, welche bei einigen Salzen auch von der Temperatur unabhängig erscheint. Dies in Gleichung 3_a gesetzt würde ergeben

$$A_1 - A_0 = \frac{\vartheta P_0 \cdot V_0}{\Theta} q \cdot b \cdot \log \left(\frac{h_1 - b}{h_0 - b}\right) \ldots \Big\} 5_\mathrm{a}$$

Beim Chlorzink sind verhältnissmässig hohe Concentrationen anwendbar, für welche die einfache *Wüllner*'sche Formel der Gleichung 5 nicht mehr zureicht. Ziemlich gut passt auf die Beobachtungsreihe von Hrn. *James Moser* über die Dampfspannung von Chlorzinklösungen eine Formel zweiten Grades

$$P - p = \frac{\mathfrak{A}}{h} + \frac{\mathfrak{B}}{h^2} \ldots \ldots \ldots \Big\} 6$$

Aus dieser lässt sich der Werth von p auf die Form bringen

$$p = \mathfrak{B}\left[\frac{1}{\alpha} + \frac{1}{h}\right]\left[\frac{1}{\beta} - \frac{1}{h}\right],$$

worin $-\alpha$ und β die Werthe von h sind, die in Gleichung 6 den Werth $p = 0$ ergeben würden. Daraus ergiebt sich

$$A_1 - A_0 = \frac{q \cdot P_0 \cdot V_0 \cdot \vartheta}{\Theta}\left\{\beta \cdot \log\left(\frac{h_1 - \beta}{h_0 - \beta}\right) - \alpha \cdot \log\left(\frac{h_1 + \alpha}{h_0 + \alpha}\right)\right\} 6_\mathrm{a}.$$

[833] Die Coefficienten $\mathfrak{A}$ und $\mathfrak{B}$ habe ich aus den *Moser*-schen Beobachtungen nach der Methode der kleinsten Quadrate bestimmt und die Werthe gefunden

$$\mathfrak{A} = 4 \cdot 17{,}1608$$
$$\mathfrak{B} = 16 \cdot 1{,}9559.$$

Die Vergleichung der darauf gegründeten Rechnung mit den Beobachtungen ergiebt für $20^\circ_,2$ C. in Millimetern Wasserdruck:

$4 \cdot \dfrac{1}{h}$	$P - p$ berechnet	beobachtet	Differenz
1	19,127	19,50	+ 0,373
2	42,145	39,83	− 2,315
3	69,085	69,87	+ 0,785
4	99,938	101,9	+ 1,961
5	134,701	133,6	− 1,101

Der Werth von P ist nach der Dampfspannungstabelle von *Magnus* gesetzt gleich $239{,}79^{\mathrm{mm}}$ Wasser von $20^\circ_,2$ C. Daraus und aus den Werthen von $\mathfrak{A}$ und $\mathfrak{B}$ ergeben sich die Werthe von

$$\alpha = 0{,}24545$$
$$\beta = 0{,}53171.$$

Für ein Ampère ist q nach den neueren Bestimmungen von *F. Kohlrausch* auf Silber bezogen $0{,}0011363^\mathrm{g}$ per secd., also bezogen auf $ZnCl_2$ gleich $\dfrac{136}{216}$ Mal dieses Betrages, nämlich

$$q = 0{,}00071545.$$

Für $P_0 V_0$ ist für 0° der für sehr kleine Dichtigkeiten des Wasserdampfes geltende theoretische Werth genommen in C. G. S. Maass[47])

$$P_0 \cdot V_0 = 1.25985 \cdot 10^{\text{n}}.$$

Ich werde die nach der obenstehenden Interpolationsformel 6 mit den angegebenen Werthen $\mathfrak{A}$ und $\mathfrak{B}$ berechneten Werthe der elektromotorischen Kraft als »berechnet nach a« aufführen. Da bei der Vergleichung der berechneten und beobachteten Dampfspannungen, wie sie oben gegeben ist, einige Differenzen vorkommen (z. B. bei 2 und 4), welche grösser sind als die der Einzelbeobachtungen des Hrn. *Moser* untereinander, und da möglicher Weise Bildung von Hydraten des Salzes verschiedenen Gang der Function für verschiedene Concentrationen bedingen könnte, so habe ich noch eine zweite Rechnung angestellt, wobei ich eine wie 6 gebildete Formel auf je drei aufeinanderfolgende beobachtete Werthe anwendete, zwischen denen die betreffenden Concentrationen der betreffenden Elemente lagen. Die davon herrührenden [**834**] Werthe werde ich als »berechnet nach b« bezeichnen. Die beiden Rechnungen differirten für die kleineren Intervalle ziemlich erheblich von einander. Die Summe aber für die elektromotorische Kraft der grösseren Intervalle stimmte ziemlich gut.

Ein Hinderniss für exacte Ausführung der Messungen bildet die grosse Neigung des Chlorzinks, basische Salze zu bilden. Die Normallösung, durch deren Verdünnung die anderen Concentrationen gebildet wurden, musste so gewählt werden, dass sie in den Elementen bei Zimmertemperatur kein Zink mehr unter Wasserstoffentwickelung lösen konnte, dazu musste sie ein wenig basisches Chlorzink enthalten. Und andererseits durfte sie nicht so viel von dem letzteren enthalten, dass sie beim Verdünnen mit reichlichen Quantitäten Wasser Niederschläge von stärker basischem Salz gab. Diese beiden Bedingungen geben eine ziemlich schmale Grenze für die Zusammensetzung der Flüssigkeit. Meine Lösung enthielt nach der Bestimmung ihres Zink- und ihres Chlorgehaltes auf 100 g

63,736 g $ZnCl_2$
0,881 g ZnO
35,383 g H_2O.

Ich glaube annehmen zu dürfen, dass Hrn. *Moser*'s Lösungen ähnlicher Art waren, kalt mit Zink gesättigte Chloridlösungen, da er bei seinen Versuchen dieselben beiden Bedingungen einhalten musste, wie ich. Leider hat er über diesen Punkt, sowie über die Art, wie er die Concentration der Lösungen bestimmt hat, in seinen Publicationen nichts angegeben.

Der Werth der Kalomel-Elemente in Volts wurde durch Ermittelung ihres elektrolytischen Aequivalents bestimmt, bei einem in *Siemens*-Einheiten gemessenen Widerstande. Da ich den Werth des elektrolytischen Aequivalents des Silbers aus den Messungen von *F. Kohlrausch* entnommen hatte, schien es mir am sichersten, den dazu gehörigen, von demselben Beobachter bestimmten Werth der *Siemens*'schen Widerstandseinheit zu nehmen, nämlich 0,9717 des theoretischen Ohm. Darnach ergab sich die elektromotorische Kraft meiner compensirenden Kalomel-Elemente, die durch die 10000 Widerstandseinheiten wirkten, gleich 1,043 Volt. Da aber die bisherigen Bestimmungen der besten Beobachter für den absoluten Werth der *Siemens*-Einheit noch um 3 Procent auseinandergehen, und also der Werth meiner Elemente in Volts doch nur unsicher auszudrücken sein würde, habe ich schliesslich vorgezogen, die berechneten Werthe auf die elektromotorische Kraft meiner Kalomel-Elemente zu reduciren.

Da ausser diesen Unsicherheiten auch noch, wenn auch kleine, Ungleichheiten der verschiedenen Zinkstäbe sich geltend zu machen [835] schienen, welche auf die Werthe der kleineren Intervalle verhältnissmässig merklichen Einfluss hatten, wird es genügen, hier die Resultate für das grösste Concentrations-Intervall anzugeben, welches sich anwenden liess zwischen $h = 0,8$ und $h = 9,1992$, zwischen $17°,7$ und $21°$ C.

Elektromotorische Kraft.

Beobachtet { Maximum . . . 0,11648
{ Minimum 0,11428
Mittel aus 13 Tagen . . . . 0,11541.
Berechnet { a 0,11579
{ b 0,11455

Ausserdem habe ich einen Thermostaten construiren lassen, in den die sechs verschiedenen zu compensirenden Elemente gleichzeitig eingesetzt werden konnten. Es wurde zwischen $35°,1$ und $36°,1$ C. beobachtet:

Maximum 0,11609
Minimum 0,11524
Mittel von 8 Tagen 0,11569.

Daraus ergiebt sich, dass der von den Concentrations-Unterschieden abhängige Theil der elektromotorischen Kraft fast gar nicht mit der Temperatur sich ändert.

Also ist das $\dfrac{\partial^2 A}{\partial \vartheta \cdot \partial h}$ der Gleichung 4b nahehin gleich Null, woraus folgt, dass $\dfrac{\partial W}{\partial h}$ negativ sein muss.[18]) Da $\dfrac{\partial A}{\partial h}$ positiv ist, und da W für $h = \infty$ (d. h. reines Wasser zu reinem Wasser gesetzt) nothwendig gleich Null wird, so muss W für alle Lösungen von Chlorzink positiv sein. Wasserzusatz muss Wärme entwickeln. Dass das der Fall ist, und auch ungefähr in dem zu erwartenden Grade, haben mir vorläufige Versuche schon gezeigt. Aber genaue Berechnungen und Messungen werden dafür erst nach genauer Bestimmung des Ganges der Dampfspannungen und elektromotorischen Kräfte möglich sein.

Die elektromotorische Kraft zwischen den Metallen aber nimmt bei der Erwärmung in dem schon oben[49]) angegebenen Grade zu, d. h. die Kalomelkette gehört, wie ich schon in der Einleitung meines ersten Berichtes[50]) erwähnt habe, zu den Wärme bindenden Ketten, die zum Theil auf Kosten der thermometrischen Wärme der umgebenden Körper arbeiten.

[836] Ein bemerkenswerther Zug in diesen Vorgängen scheint mir darin zu liegen, dass die Anziehung des Wassers zu dem zu lösenden Salze einen so grossen Theil der wirksamen chemischen Kräfte zwischen den sich gegenseitig verdrängenden Elementen (Zink und Quecksilber) ausmachen kann. In den vorliegenden Messungen beträgt die elektromotorische Kraft der Lösung allein[51]) etwa nur ein Achtel von der ganzen Kraft der concentrirteren Lösungen. Aber die Kraft der Lösung kann sich bei den weiteren Verdünnungen, welche nicht mehr hinreichende Constanz für genauere Messungen hatten, noch erheblich vermehren, und nach der in Gleichung 5a gegebenen Formel könnte sich diese Kraft bei immer weiter wachsenden Werthen von h_1[52]) bis zu jedem beliebigen Grade steigern. Daraus würde folgen, dass in sehr verdünnten Lösungen oder in ganz salzfreien Säuren Metalle, die wir sonst als unlöslich in der betreffenden Säure betrachten, sich spurweise bis zu einer gewissen Grenze unter Wasserstoffentwicke-

lung würden lösen können. Ich bemerke, dass ganz ähnliche Verhältnisse auch bei der Lösung der Gase nach der mechanischen Wärmetheorie stattfinden müssen, woraus sich zum Theil ganz veränderte Ansichten über das Wesen der galvanischen Polarisation ergeben möchten.

[647]
Zur Thermodynamik chemischer Vorgänge.

Dritter Beitrag.

Folgerungen die galvanische Polarisation betreffend.

Von

H. von Helmholtz.

(Vorgetragen am 10. Mai [s. Sitzgsber. d. k. pr. Ak. d. Wiss. XXII.].)

Zur Vorgeschichte der in meiner ersten Mittheilung »zur Thermodynamik chemischer Vorgänge« vom 2. Februar 1882 entwickelten Sätze erlaube ich mir hier nachzutragen, dass, wie ich seitdem gefunden, zunächst Lord *Rayleigh* in einem vor der Royal Institution am 5. März 1875 gehaltenen Vortrage es als allgemeines Princip ausgesprochen hat, dass nicht die Wärmeentwickelung allein über die Möglichkeit entscheide, ob eine chemische Veränderung in bestimmter Richtung eintrete, sondern dass dies nur geschehen könne, wenn dabei die Entropie (dissipation of Energy) wachse, oder wenigstens nicht abnehme.

Dass die Wärmeentwickelung allein genommen namentlich nicht für die Grösse der elektromotorischen Kräfte galvanischer Elemente entscheidend sei, hat Hr. *F. Braun* in einer Reihe von Aufsätzen vom Jahre 1878[*]) anfangend, ausgesprochen und durch eine Anzahl wichtiger Versuche erwiesen. Die theoretische Auffassung freilich, von der er in den ersten dieser Aufsätze ausgegangen ist, namentlich der Satz, dass

---

[*]) Wiedemann's Annalen Bd. 5 S. 182; Bd. 16 S. 561; Bd. 17 S. 592.

»die chemische Energie von der Natur der Wärme sei«, dass jeder chemische Vorgang zunächst immer nur Wärme erzeuge, und dass es nur von zufälligen Nebenumständen abhänge, wie viel von der hohen Temperatur der eben verbundenen Atome in reversible Arbeit anderer Art verwandelt werde, ist meines Erachtens in Widerspruch mit den Thatsachen, welche zeigen, dass galvanische Ketten auch unter Bindung von Wärme arbeiten können. Ein Process, wie ihn Hr. *Braun* dort angenommen hat, würde nicht reversibel sein, und also, wenn er bei Auflösung eines Metalls eintritt, nicht auch bei der Ausscheidung desselben in gleicher Weise vor sich [**648**] gehen können. Da übrigens der genannte Autor sich neuerdings mit meiner analytischen Formulirung des Princips einverstanden erklärt hat, so wird weitere Discussion dieser theoretischen Frage nicht nöthig sein.

Die grosse Vereinfachung der thermodynamischen Sätze ferner, welche sich durch Darstellung der Energie und Entropie eines Körpersystems durch die Differentialquotienten einer Integralfunction ergiebt, hat vor mir schon im Jahre 1877 Hr. *F. Massieu**) gefunden und wenigstens für zwei Variable vollständig durchgeführt, aber ohne Beziehung auf chemische Processe. Er nennt die entsprechende Integralfunction, die er mit H bezeichnet, welches meinem ($-\mathfrak{F}$) entspricht, die **charakteristische Function des Körpers**. Ich ziehe vor, für die Function $\mathfrak{F}$ den von mir gewählten Namen der **freien Energie** beizubehalten, da dieser die wichtige physikalische Bedeutung dieser Grösse deutlicher ausdrückt.

Hr. *Massieu* hat die Sätze in einer etwas allgemeineren und für die bequemere Durchführung gewisser Rechnungen vortheilhafteren Form dargestellt. Die von mir gegebene Ableitung macht nämlich die Voraussetzung, dass die Parameter p, welche in Verbindung mit der Temperatur ϑ den Zustand des Körpersystems vollständig definiren, so gewählt seien, dass die nach aussen geleistete Arbeit nur von den dp, nicht von $d\vartheta$ abhänge. [53)] Allerdings können die Parameter immer dieser Bedingung gemäss gewählt werden; aber die so gewählten können unter Umständen schwer herauszufinden und zu berechnen sein, so dass es bequemer ist, andere Parameter zu brauchen, bei deren Constanz Aenderung der Temperatur nicht

---

*) Mémoires des Savants étrangers t. XXII; Journal de Physique par d'Almeida t. VI. p. 216.

ohne Arbeit vor sich gehen kann. Die entsprechenden Aenderungen der allgemeinen Formeln sind leicht durchzuführen. Bei Hrn. *Massieu* kommt ein dahin gehörendes Beispiel vor, wo er Druck und Temperatur als Parameter für gasige und tropfbare Körper braucht.

In sehr umfassender und allgemeiner Weise sind endlich die thermodynamischen Bedingungen für moleculare und chemische Vorgänge in Körpersystemen, die aus beliebig vielen verschiedenen Stoffen zusammengesetzt oder gemischt sind, von Hrn. *J. W. Gibbs**) (1878) analytisch entwickelt worden. Hrn. *Massieu*'s charakteristische Function ist darin ebenfalls gefunden und »Kräftefunction für constante Temperatur« genannt. Die allgemeinen Ergebnisse aller dieser Untersuchungen zeigen natürlich keine wesentlichen Unterschiede, soweit [**649**] sie einfach Folgerungen aus den wohlbekannten Principien der Thermodynamik sind.

Für die Theorie der galvanischen Polarisation haben nun diese Folgerungen aus der Thermodynamik deshalb grosse Wichtigkeit, weil sich zeigt, dass der Ueberschuss freier Energie des Knallgases über die des Wassers in hohem Grade von dem Druck abhängt, während die Wärmeentwickelung bei der Verbindung davon fast unabhängig ist. So lange man die elektromotorische Kraft der Polarisation nach letzterer berechnen zu müssen glaubte (was ich selbst in meinen früheren Arbeiten gethan habe), musste sie als eine fast unveränderliche Grösse erscheinen, und das machte gewisse Vorgänge bei der Polarisation eines Voltameters fast unerklärlich. Wenn man aber die elektromotorische Kraft nach der freien Energie berechnet, so erscheint sie im höchsten Grade veränderlich nach der Gassättigung der letzten den Elektroden anliegenden Flüssigkeitsschichten, und dadurch wird die Erklärung eines grossen Theils der Polarisationserscheinungen wesentlich verändert, und das meiste, was bisher räthselhaft war, erscheint verständlich.

Da meine Erklärungsversuche der Vorgänge bei der galvanischen Polarisation durch eine Reihe älterer Aufsätze**)

---

*) On the Equilibrium of heterogeneous substances. Transact. Connecticut Acad. III. p. 108—248; 343—524; Silliman's Journal 1878. XVI. p. 441—458.

**) Monatsberichte der Akad. 1873. S. 587; 1877. S. 713; 1880, S. 285; auch in Poggendorff's Annalen Bd. CL. S. 483—495; Wiedemann's Annalen Bd. III. S. 201—216; Bd. XI. S. 737—759. — *Faraday* Lecture im Journal of the Chemical Society 1881. June.

zerstreut sind, und einiges darin den neuen Gesichtspunkten entsprechend geändert werden muss, so erlaube ich mir, die-dieselben hier im Zusammenhang zu recapituliren.

Die Grundvoraussetzungen, von denen ich immer ausgegangen bin und die ich festhalte, sind das Gesetz von der Constanz der Energie und die strenge Gültigkeit von *Faraday*'s elektrolytischem Gesetz. Letzterem entsprechend halte ich die Voraussetzung fest, dass Elektricität aus der Flüssigkeit an die Elektroden nur unter äquivalenter chemischer Zersetzung übergehen kann, und dass dieser Uebergang nicht stattfinden kann, vielmehr die Grenzfläche wie eine vollkommen isolirende Zwischenschicht wirkt, wenn die zur Zerlegung der chemischen Verbindungen nöthige Arbeit nicht durch die vorhandenen elektrischen Kräfte geleistet werden kann.

Wenn in einem Voltameter die beiden Elektroden elektrisch geladen werden und verschiedenes Potential erhalten, so werden zunächst, dem Abfall des Potentials entsprechend, elektrische Kräfte im Innern der Flüssigkeit wirksam, welche $+E$ gegen die Kathode, $-E$ gegen die Anode treiben. Diese Bewegung der Elektricität geschieht, [**650**] so viel wir wissen, niemals ohne eine gleichzeitige Bewegung der Jonen des Elektrolyten, an denen das bewegte $+E$ und $-E$ haftet. Es geht also positiv beladener Wasserstoff $(H+\cdot H+)$ zur negativ geladenen Kathode, und negativ geladener Sauerstoff $(-O-)$ an die positiv geladene Anode. Wenn es nachher zur Entwickelung der Gase kommt, so sind die ausgeschiedenen Gase elektrisch neutral. Also muss nach dem consequent durchgeführten Princip des *Faraday*'schen Gesetzes der entwickelte Wasserstoff $(H+\cdot H-)$ sein, und der frei gewordene Sauerstoff entweder $(-O-\cdot +O+)$ oder $(-O+)$. Da die Molekeln des entwickelten Sauerstoffs aus zwei oder (Ozon) drei Atomen bestehen, so halte ich die erstere Form für wahrscheinlicher. Ozon würde sein: $(-O-\cdot +O-\cdot +O+)$.

Die hierbei entstandene Ansammlung von $(H+)$ an der negativ geladenen Kathode und von $(-O-)$ an der positiven Anode ergiebt zunächst die condensatorischen Ströme zu den sich polarisirenden Elektroden. Bei diesen verhalten sich die beiden Elektrodenflächen nur wie zwei Condensatorflächen von colossaler Capacität, letztere bedingt durch den ausserordentlich geringen, nur molekularen Abstand der entgegengesetzt geladenen beiden Schichten. Verbindet man die beiden Elektroden nach Ausschaltung der Batterie durch einen einfachen Leitungsdraht, so entladen sich die beiden Condensatoren wieder und geben den depolarisirenden Strom. Der hierbei stattfindenden Elektricitätsbewegung, welche die Grenzen des flüssigen Leiters nicht überschreitet, scheinen die chemischen Kräfte innerhalb der Flüssigkeit gar keinen Widerstand entgegenzusetzen, da unter dem Einfluss vertheilender Kräfte sich elektrolytische Leiter ebenso vollständig in elektrostatisches Gleichgewicht setzen, wie metallische. Das zeigt bis zu einem hohen Grade von Genauigkeit Sir *William Thomson*'s Water dropping collector, in dem die schwächsten elektrostatischen Kräfte die Oberfläche der sich lösenden Wassertropfen bis zum vollkommensten elektrostatischen Gleichgewicht zu laden im Stande sind. Ich selbst habe in möglichst luftleer gemachten Zersetzungszellen die bei sehr geringen elektromotorischen Kräften leicht zu constatirende Proportionalität zwischen elektromotorischer Kraft und Grösse der condensatorischen Ladung bis hinab zu 0,0001 Daniell verfolgen können. Dagegen ist der Uebergang der Elektricität von den geladenen Jonen der Grenzschicht an das Metall offenbar dem Widerstande der chemischen Kräfte unterworfen. Erst die elektrische Entladung der Jonen löst definitiv die chemische Verbindung. So lange sie nicht entladen sind, können sie noch aus der Ansammlung in den Grenzschichten bei langsamer Schwächung der sie festhaltenden elektrischen Anziehungskraft ohne in Betracht kommende Wärmeentwickelung in [**651**] ihre frühere Verbindung zurückkehren. Dies führt zu dem Schlusse, dass der mächtigste und wesentlichste Theil der chemischen Kräfte, der namentlich die eigentlich typischen Verbindungen zusammenhält, in der verschiedenen Anziehung der elementaren Substanzen gegen die beiden Elektricitäten begründet ist. *Faraday*'s Gesetz zwingt dabei zu der Annahme, dass jede Valenzstelle jedes Elements immer mit einem Aequivalent, sei es positiver, sei es negativer Elektricität geladen sei, und dass die Grösse dieser elektrischen Aequivalente ebenso unabhängig von dem Stoffe ist, mit dem sie sich verbinden, wie die Atomgewichte der einzelnen chemischen Elemente unabhängig sind von den Verbindungen, die sie eingehen, gerade so als wäre die Elektricität selbst in Atome getheilt.

Dass die elektrischen Kräfte, die hierbei in Betracht kommen, durchaus nicht zu klein sind, um die grossen bei den chemischen Scheidungen und Wiedervereinigungen auftretenden Arbeitsbeträge zu leisten, ergiebt sich, wenn man die colossale

Grösse der bei diesen Processen ausgetauschten elektrischen Aequivalente berücksichtigt. Meine in der Faraday Lecture veröffentlichte Berechnung ergiebt, dass, wenn das an den Atomen von 1 mg Wasser haftende $+E$ auf eine Kugel, das $-E$ auf eine andere 1 Kilometer entfernte ohne Verlust übertragen werden könnte, beide Kugeln sich mit einer Kraft anziehen würden, welche der Schwere von 102180 kg gleich sein müsste.[51] Eben wegen der colossalen Grösse dieser Ladungen der Atome sind auch die verhältnissmässig schwachen Anziehungskräfte, welche ein oder zwei *Daniell*'sche Elemente in einer elektrolytischen Flüssigkeit hervorbringen, verhältnissmässig so grosser Leistungen fähig. Schwach sind diese Kräfte nur den kleinen Mengen freier Elektricität gegenüber, welche durch unsere Elektrisirmaschinen geliefert werden.

Die für die Herstellung elektrischen Gleichgewichts nothwendige Ausbildung der elektrischen Doppelschichten erklärt einen grossen und wesentlichen Theil der Vorgänge bei der Polarisation, nämlich die starken Anfangsströme bei Ladung und Entladung der Elektroden. Erheblich verlängert werden können diese Ströme, wenn gleichzeitig Occlusion*) eines oder beider Gase in dem Metall der Elektroden vorkommt. Aber keiner dieser beiden Processe erklärt die unbegrenzte Dauer der Ströme bei schwächeren elektromotorischen Kräften.

In meiner Arbeit vom Jahre 1873 habe ich gezeigt, dass der Gehalt der elektrolytischen Flüssigkeit an aufgelösten Gasen, namentlich [652] atmosphärischem Sauerstoff, auf die Stärke dieser dauernden Ströme von grösstem Einfluss ist, und habe das Zustandekommen der davon abhängigen Ströme, der Convectionsströme, erklärt. Dabei kommt in Betracht, dass elektrisch neutral gewordene Gase, die in der Flüssigkeit aufgelöst sind, der Anziehung der elektrisch geladenen Elektroden nicht in der gleichen Weise unterliegen, wie es die elektrisch geladenen Jonen vor ihrer Entladung thun, sondern frei durch die Flüssigkeit diffundiren können. Nehmen wir nun eine stärkere Anziehung des Sauerstoffs zu $-E$ an, so wird neutraler gelöster Sauerstoff an der negativ geladenen Kathode

---

*) In meiner Arbeit über »Bewegungsströme am polarisirten Platina« (1880) habe ich diesen Einfluss überschätzt, da ich die Gegenkraft der Wasserzersetzung für unveränderlich hielt. Ich sehe jetzt, dass viele der dort gegebenen Erklärungen sich viel einfacher und folgerichtiger aus der Diffusion der Gase in der Flüssigkeit herleiten lassen.

sich ohne Widerstand oder sogar unter Leistung positiver Arbeit zur Unterstützung des Stroms mit $-E$ sättigen können, und dann entweder der Verbindung mit $(H_+ \cdot H_+)$ verfallen, oder eine neue Wanderung als Anion zur Anode antreten, während gleichzeitig an der Anode ein Molekel von $(-O-)$ sich neutralisirt. Die ganze Arbeit der elektromotorischen Kraft der Batterie besteht dann nur darin, dass aufgelöstes neutrales O an der »Kathode«[55] in sauerstoffarmer Flüssigkeit als solches verschwindet, sich negativ ladet und wieder Bestandtheil des Wassers wird, während an der »Anode« das Anion des Wassers zu neutralem aufgelösten Sauerstoff wird, aber in sauerstoffreiche Flüssigkeit eintritt. Ein stationärer Strom ist möglich, sobald durch Diffusion so viel gelöster Sauerstoff von der »Anode« zur »Kathode« zurückwandert, als durch den Strom als Anion von der Kathode zur Anode geführt wird.

Ich habe seit der Veröffentlichung jener Arbeit mannigfache Versuche angestellt, die letzten Spuren der aufgelösten Gase vollständiger zu beseitigen als dies mir damals gelungen war, aber ohne besseren Erfolg. Ich habe die Berührung der elektrolytischen Flüssigkeit mit dem Quecksilber der damals gebrauchten Quecksilberpumpe beseitigt, weil der Verdacht nicht ganz sicher auszuschliessen war, dass minimale Spuren aufgelöster Quecksilbersalze sich bilden könnten. Ich habe in einer zugeschmolzenen Zelle*) die atmosphärische Luft durch elektrolytisch entwickeltes Knallgas auszuwaschen und letzteres wieder durch den Einfluss einer wasserstoffhaltigen Palladiumplatte zu beseitigen gesucht, die den Sauerstoff wieder zu Wasser machen, den Wasserstoff unter dem Einflusse elektrischer Ströme occludiren sollte. Das Wasser in der Zelle klapperte scharf wie in einem Pulshammer, aber dauernde elektrische Ströme waren immer noch da.

Was man mit solchen Zellen erreichen kann, habe ich in neuerer Zeit einfacher mit kleinen aus Glas geblasenen Zellen erreicht, welche sich an das obere Ende eines Barometerrohrs anschliessen. Am besten [653] lässt man vier Elektroden von Platindraht im Kreuze einander gegenüberstehend einschmelzen, von denen man zwei platiniren kann. So kann man beliebige Mengen Knallgas durch zwei der Elektroden entwickeln, und die beiden anderen zu den Messungen der Polarisation brauchen. Das untere Gefäss des Barometers wird durch eine

---

*) Faraday Lecture. Fig. 1.

doppelhalsige Flasche gebildet, in deren einem Halse das Barometerrohr luftdicht eingekittet ist. Der andere Hals enthält ein kürzeres Glasrohr, durch welches man Flüssigkeiten und Quecksilber einfüllen oder mittels einer Pipette entfernen kann. Dasselbe Rohr kann auch mit einer Wasserluftpumpe verbunden werden, um die Luft aus der Barometerzelle zu entfernen. Wenn man die in dieser enthaltene Flüssigkeit bis 30° oder 40° C. erwärmt, giebt sie grosse Volumina Dampf aus, die die letzten Spuren Luft austreiben. Sobald man langsam die Luft wieder in die Flasche eindringen lässt, steigt das Quecksilber im Barometerrohr empor, bis zu der um den Wasserdampfdruck verminderten Barometerhöhe. Aus diesen Apparaten ist neugebildetes Gas immer leicht wieder zu entfernen und sehr vollständiges Auskochen ist möglich.

Indessen überzeugt man sich immer wieder, dass ein Zustand der Flüssigkeit, wobei ein hinreichend empfindlicher Multiplicator nicht auch bei Kräften kleiner als ein Daniell dauernde Ströme anzeigte, nicht zu erreichen ist. Ich habe in den letzten Jahren ein *Siemens*'sches Instrument mit astatischen Glockenmagneten angewendet, bei welchem in der gewählten Aufstellung ein Scalentheil einer Intensisät von 10^{-9} Ampère entspricht. Ein solcher noch vollkommen sicher zu beobachtender Strom würde 334 Jahre brauchen, um 1 mg Wasser zu zersetzen. Wenn also nur 1 cmm Knallgas von 0° und 760 mm Quecksilberdruck (0,0005 mg) im Wasser aufgelöst wäre, brauchten dessen Bestandtheile in 36 Tagen nur einmal von der Anode zur Kathode zu wandern, um den angezeigten Strom zu geben.

Ebenso zeigte sich auch in den möglichst luftleer gemachten Zellen durchaus nicht, dass die Polarisation eine oberste Grenze erreicht hatte, wenn die Entwickelung der Gasbläschen begann, und also die elektromotorische Kraft der Batterie gross genug geworden war, den Widerstand der chemischen Kräfte zu bewältigen, sondern es stieg noch immer die Gegenkraft der Polarisation mit der Steigerung der Kraft der galvanischen Batterie, wenn längst schon lebhafte Gasentwickelung vorhanden war.

Ueberhaupt ist bei allen den Graden elektromotorischer Kraft, die der Grenze der Gasentwickelung nahe liegen, in dem Verhalten des Stromes nichts zu entdecken, was eine plötzlich eintretende Ueberwältigung der chemischen Kräfte durch die elektrischen anzeigte.

[**654**] Für diese Schwierigkeiten eröffnet nun die thermodynamische Theorie einen willkommenen Ausweg, indem sie zeigt, dass, wenn die gebildeten Gase sich in der elektrolytischen Flüssigkeit auflösen, der durch den Strom zu überwindende Widerstand der chemischen Kräfte immer grösser und grösser werden muss, je mehr von den ausgeschiedenen Gasen rings um die Elektroden aufgelöst ist, und dass der Antheil der Gase keineswegs unerheblich ist, sondern jeden beliebigen positiven Werth zwischen 0 und ∞ annehmen kann.

Dass die Wasserzersetzung bei hohem Druck selbst bei elektromotorischen Kräften von drei bis vier Daniell aufhören kann, ist von Herrn *Werner Siemens*[*]) gezeigt worden. Leider fehlen Angaben über die Grösse des erreichten Drucks und über die Intensität des gleichzeitig eingetretenen Convectionsstroms, der den für die chemische Arbeit verwendbaren Theil der elektromotorischen Kraft erheblich herabsetzen musste.

Thermodynamische Berechnung der freien Energie des Knallgases.

Ich bezeichne mit U_g die gesammte innere Energie für 1 g Knallgas, wobei die beiden Gase aber als nicht mit einander gemischt angenommen werden[**]). U_g sei Function der Temperatur und der Dichtigkeit beider Gase, welche drei Grössen die unabhängigen Variablen des Problems bilden. U_w sei die gesammte innere Energie von 1 g Wasser bei derselben absoluten Temperatur ϑ, für welche U_g bestimmt ist. Dann ist $(U_g - U_w)$ das Arbeitsäquivalent der Wärme, welche bei der Verbrennung des Knallgases und seiner Ueberführung in tropfbar flüssiges Wasser entwickelt wird. Zu bemerken ist nur, dass, wenn die Gase vor und bei der Verbrennung unter atmosphärischem Druck stehen, auch noch Wärme durch diesen Druck entwickelt wird, indem das Volumen der Gase sich auf das des Wassers verkleinert. Letztere Wärmemenge Q ist

---
[*]) Gesammelte Abhandlungen und Vorträge. S. 445.
[**]) Mischung derselben würde die freie Energie ändern, wie Lord *Rayleigh* nachgewiesen hat (Philosophical Magazine. 1875. April). S. auch *L. Boltzmann*, Sitzb. der K. Akad. der Wissensch. zu Wien. Bd. LXXVIII. II. Abth. 10. October 1878.

$$Q = \frac{pv}{\mathfrak{J}}$$

wenn p den normalen Atmosphärendruck, v das Volumen von 1 g Knallgas unter dem Drucke p, und $\mathfrak{J}$ das mechanische Aequivalent der Wärmeeinheit bezeichnet.

Die entwickelte Wärme muss aber innerhalb solcher Temperaturgrenzen, [655] wo die specifische Wärme des Wassers und der Gase sich nicht merklich ändert, von der Form sein:

$$U'_g - U'_w = C - \mathfrak{J} \cdot \mathfrak{k} \cdot \vartheta \qquad (1)$$

$$\mathfrak{k} = 1 - \frac{2\,a_h \cdot \gamma_h + a_0 \cdot \gamma_0}{2\,a_h + a_0}$$

worin a_h und a_0 die Atomgewichte des Wasserstoffs und Sauerstoffs, γ_h und γ_0 aber die specifischen Wärmen für constantes Volum bedeuten.[56] Wenn die Gase constantes Volumen behalten und man die durch die kleinen Volumenänderungen des Wassers zu leistende mechanische Arbeit vernachlässigt, bleibt bei Temperatursteigerungen nur die durch die Wärmeaufnahme bedingte Aenderung der inneren Energie zu berücksichtigen.

Aber auch Volumenänderungen der Gase haben keinen merklichen Einfluss auf die Werthe von U, da beide Gase sehr nahehin die Bedingung des vollkommenen Gaszustandes erfüllen, wonach die äussere Arbeit das genaue Aequivalent der verschwundenen Wärme ist und daher nach Wiederherstellung der früheren Temperatur die Aenderung im Werthe von U wieder ausgeglichen ist. Die Zahlenwerthe der obigen Formel ergeben sich, wenn man mit v das Volumen von je 1 g eines Gases unter dem Drucke p und bei der Temperatur ϑ bezeichnet, und

$$\frac{p \cdot v}{\vartheta} = R \qquad (1\,\mathrm{a})$$

setzt, ferner die specifische Wärme bei constantem Druck mit c bezeichnet, wie folgt:

$$a_h = 1 \qquad\qquad a_0 = 16$$
$$\mathfrak{J} \cdot \gamma_h = \mathfrak{J} \cdot c_h - R_h \qquad \mathfrak{J} \cdot \gamma_0 = \mathfrak{J} c_0 - R_0$$

Nach *Regnault* ist

$c_h = 3{,}4090$
$c_0 = 0{,}2175$

$v_h = 11163,6 \cdot \dfrac{cm^3}{g}$ für 0° und 760 mm Quecksilberdruck,
also
$\gamma_h = 2,29965$
$\gamma_0 = 0,17371$
$\mathfrak{f} = 0,58007$.

Aus den bei 0° im Eiscalorimeter angestellten Versuchen der HH. *Schuller* und *Wartha* (Wiedemann's Annalen II. S. 378, Werthe a) ergiebt sich als Mittelwerth der durch 1 g H bei der Verbrennung zu flüssigem Wasser entwickelten Wärme 34123,56 Calorien, also für [**656**] 1 g H_2O 3791,5 Calorien. Die Arbeit der Atmosphäre hat davon 45,232 Calorien geliefert; es bleiben 3746,268 für den chemischen Process bei 0°. Daraus ergiebt sich die Constante C der Gleichung 1:

$$C = \mathfrak{J} \cdot 3904,63 \, .$$

Nach den von mir in meiner Mittheilung vom 2. Februar 1882 gebrauchten Bezeichnungen ist die gesammte Energie eines körperlichen Systems aus dem Werthe seiner freien Energie $\mathfrak{F}$ zu finden durch die folgende Beziehung (S. 27 Gleichung 1h):

$$U = \mathfrak{F} - \vartheta \cdot \dfrac{\partial \mathfrak{F}}{\partial \vartheta}$$

oder

$$-\dfrac{U}{\vartheta^2} = \dfrac{\partial}{\partial \vartheta}\left[\dfrac{\mathfrak{F}}{\vartheta}\right] \, .$$

Setzt man in diese Gleichung den Werth von $U_g - U_w$ aus Gleichung 1 und integrirt,[57] so erhält man

$$\mathfrak{F}_g - \mathfrak{F}_w = C + \mathfrak{J} \cdot \mathfrak{f} \cdot \vartheta \cdot \log \vartheta + \vartheta \cdot \varphi \qquad 1\,\text{b} \, .$$

Hierin ist φ die Integrationsconstante, welche nicht von ϑ, wohl aber von v_h und v_0 abhängig sein kann.
Deren Abhängigkeit von den letztgenannten Grössen bestimmt sich, wenn man die Arbeit für Volumänderungen der einzelnen Gase berechnet. Es ist nur der Summand $\mathfrak{F}_g$, der von beiden Grössen abhängen kann:[58]

$$\frac{\partial \mathfrak{F}_g}{\partial v_h} = \frac{-2p_h \alpha_h}{2\alpha_h + \alpha_0}, \quad \text{und} \quad \frac{\partial \mathfrak{F}_g}{\partial v_0} = \frac{-p_0 \alpha_0}{\alpha_0 + 2\alpha_h}.$$

Benutzt man die obige Gleichung (1a), so ergiebt sich

$$\frac{\partial \mathfrak{F}_g}{\partial v_h} = -R_h \cdot \frac{\vartheta}{v_h} \cdot \frac{2\alpha_h}{2\alpha_h + \alpha_0} \quad \text{und} \quad \frac{\partial \mathfrak{F}_g}{\partial v_0} = -R_0 \cdot \frac{\vartheta}{v_0} \cdot \frac{\alpha_0}{2\alpha_h + \alpha_0}.$$

Aus Gleichung (1b) dagegen

$$\frac{\partial \mathfrak{F}_g}{\partial v_h} = \vartheta \cdot \frac{\partial \varphi}{\partial v_h} \quad \text{und} \quad \frac{\partial \mathfrak{F}_g}{\partial v_0} = \vartheta \cdot \frac{\partial \varphi}{\partial v_0}.$$

Also ist

$$\varphi = -R_h \frac{2\alpha_h}{2\alpha_h + \alpha_0} \cdot \log v_h - R_0 \cdot \frac{\alpha_0}{2\alpha_h + \alpha_0} \cdot \log v_0 + H', \quad (1\text{bb})$$

worin H' eine Integrationsconstante bezeichnet.

Der Gesammtwerth der freien Energie, den die getrennten Gase mehr haben, als das Wasser, ergiebt sich daraus:[59]

[**657**] $$\mathfrak{F}_g - \mathfrak{F}_w = C + \mathfrak{J} \cdot \mathfrak{k} \cdot \mathcal{F} \cdot \log\left(\frac{\vartheta}{\vartheta_0}\right)$$
$$- \vartheta \cdot \left[\frac{R_h \cdot 2\alpha_h}{2\alpha_h + \alpha_0} \log(v_h) + R_0 \frac{\alpha_0}{2\alpha_h + \alpha_0} \log(v_0) - H\right], \quad (1\text{c})$$

worin

$$H = H' + \mathfrak{J} \cdot \mathfrak{k} \cdot \log(\vartheta_0)$$

nur einer anderen Bezeichnung der Integrationsconstante entspricht, und ϑ_0 irgend eine passend gewählte Normaltemperatur, z. B. die des schmelzenden Eises bezeichnet.

Zu bemerken ist übrigens, dass für die vollkommenen Gase nach *Avogadro*'s Gesetz

$$R_h \alpha_h = R_0 \alpha_0. \quad (1\text{d})$$

Die Gleichung (1c) zeigt an, dass die durch Vereinigung der Gase zu leistende Arbeit allerdings und in sehr wesentlicher Weise von ihrer Dichtigkeit vor der Vereinigung abhängt, während dies für ihre Verbindungswärme nicht der Fall ist, falls nicht dabei fremde Arbeit, z. B. die der Atmosphäre hinzukommt. Da die Volumina v_h und v_0 alle positiven Werthe von 0 bis ∞ annehmen können, so können ihre Logarithmen von $-\infty$ bis $+\infty$ steigen, und da die übrigen Grössen der rechten Seite von Gleichung (1c) alle nothwendig endlich sind, könnte auch der Werth von $\mathfrak{F}_g - \mathfrak{F}_w$ von $-\infty$ bis $+\infty$ gehen; oder da negative Werthe die Möglichkeit der Verbrennung ausschliessen, mindestens von 0 bis $+\infty$.

Arbeitsäquivalent gelöster Gase.

Bei elektrolytischer Zersetzung treten die Gase zuerst in Lösung in der elektrolytischen Flüssigkeit auf und erst, wenn in den die Elektroden berührenden Grenzschichten die aufgelöste Menge die Grenzen der Sättigung überschreitet, die bei dem gegebenen Drucke eintreten kann, werden sie sich in Bläschen ausscheiden.

Wenn ein Gas in dem Volumen V von Wasser unter dem Drucke p zur Sättigung aufgelöst ist, so ist die aufgelöste Menge m gegeben durch die Gleichung

$$\frac{bp}{\vartheta} = R \cdot \frac{m}{V}, \qquad (2)$$

worin b der *Bunsen*'sche Absorptionscoefficient ist, der übrigens selbst eine Function der Temperatur bildet.

Wenn die Menge dm aus der Flüssigkeit austritt, so leistet sie einen ersten Theil der Arbeit

$$-d\mathfrak{F}_1 = p \cdot v \cdot dm.$$

[658] Soll nun weiter das ausgetretene Gas in einen Normalzustand übergeführt werden, der durch den Index 1 angezeigt werden mag, so ergiebt dies einen zweiten Theil der Arbeit:

$$-d\mathfrak{F}_2 = dm \int_v^{v_1} p \cdot dv$$

$$= dm \cdot p_1 \cdot v_1 - dm \int_p^{p_1} v \cdot dp - dm \cdot p \cdot v.$$

Also die gesammte Arbeit, die der Austritt der Menge dm des Gases aus der Flüssigkeit und Uebergang desselben in den gewählten Normalzustand leistet, ist:

$$-d\mathfrak{F} = -(d\mathfrak{F}_1 + d\mathfrak{F}_2)$$
$$= \vartheta \cdot R \cdot dm \left[1 - \log \cdot \left(\frac{p_1}{p}\right)\right]$$
$$= \vartheta \cdot R \cdot dm \left[1 + \log \cdot \left(\frac{v_1}{v}\right)\right] \quad (2\mathrm{a})$$
$$= \vartheta \cdot R \cdot dm \left[1 - \log \cdot \left(\frac{m_1}{m}\right)\right]$$

In der letzten Gleichung bezeichnet m_1 die Menge des Gases, die unter dem Drucke p_1 des Normalzustandes aufgelöst sein würde.[60]

Diese Gleichungen zeigen an, dass bei abnehmenden Werthen von m steigende Arbeit nöthig ist, um die gleiche Menge dm des Gases aus der Flüssigkeit wegzunehmen; dass also die Flüssigkeit die letzten Portionen des aufgelösten Gases mit einer bis unendlich steigenden Kraft festhält, beziehlich heranzieht.

Wenn also bei der Zersetzung des Wassers die freigewordenen Elemente sich nicht als Gase unter dem Drucke p_1 entwickeln, sondern im Wasser gelöst bleiben, so wird $d\mathfrak{F}$ berechnet für 1 g Knallgas von der bei der Zersetzung des Wassers zu leistenden Arbeit als noch nicht geleistet abzuziehen sein. Für 1 g Wasser giebt dies also[61]

$$\mathfrak{F}_g - \mathfrak{F}_w = C + \mathfrak{J} \cdot \mathfrak{k} \cdot \vartheta \cdot \log \cdot \left(\frac{\vartheta}{\vartheta_0}\right)$$
$$+ \vartheta \Big\{ R_h \cdot \frac{2\,\alpha_h}{2\,\alpha_h + \alpha_0} [1 - \log(v_h)]$$
$$+ R_0 \frac{\alpha_0}{2\,\alpha_h + \alpha_0}[1 - \log v_0] + H \Big\} \quad (3)$$

Hierin bedeuten v_h und v_0 die specifischen Volumina, welche über der Flüssigkeit stehendes Gas haben müsste, um denselben Grad der Sättigung hervorzubringen, den das in den Grenzschichten an der Elektrode gelöste Gas hat. Auch in diesem Falle kann also, wenn noch sehr wenig Gas gelöst ist, und die betreffenden v daher sehr gross sind, der Werth $(\mathfrak{F}_g - \mathfrak{F}_w)$ gleich Null oder selbst negativ werden. **[659]** Stabiles Gleichgewicht der chemischen Kräfte ist hiernach im Wasser überhaupt nur bei einem gewissen minimalen Grade der Dissociation seiner Elemente möglich, und andererseits wird um so geringerer Arbeitsaufwand durch eine dazu angewendete elektromotorische Kraft nöthig sein, um neue Zersetzung hervorzubringen, je weniger von den betreffenden Gasen im Wasser schon aufgelöst ist. Es wird also ein Convectionsstrom durch wässerige Elektrolyte auch bei den schwächsten elektromotorischen Kräften streng genommen niemals ganz fehlen können;[62] bei stärkeren Kräften wird der Gehalt an aufgelösten Gasen und damit auch die Stärke des Convectionsstromes wachsen müssen. Andererseits erklärt es sich aus der Langsamkeit der Diffusionsprocesse, dass es viele Tage dauern kann, ehe bei constant gehaltener elektromotorischer Kraft der stationäre Zustand der Gaslösung und des Stromes sich ausbildet. Auch erhellt hieraus, dass jede Bewegung der Flüssigkeit, sei sie nun durch mechanische Ursachen oder durch Temperaturungleichheiten hervorgerufen, Aenderungen der Stromstärke, meistentheils Steigerungen[63] derselben hervorrufen muss, da sie die Ordnung der Flüssigkeitsschichten von verschiedenem Gasgehalt stört. Aus beiden Umständen ergiebt sich eine grosse Schwierigkeit für die Ausführung der Versuche über den stationären Zustand, da dieselben sehr lange Zeit in Anspruch nehmen und die Störung durch Erschütterungen, wenigstens im Innern einer grossen Stadt, kaum zu vermeiden sind. Galvanische Ketten von hinreichender Constanz lassen sich bei der geringen Intensität dieser Ströme mit Hülfe der Calomelelemente oder anderer ähnlicher Combinationen gut herstellen. Nur habe ich in meinen neuesten Versuchsreihen die Vorsicht gebraucht, die zur Messung der elektromotorischen Kräfte dienenden Elemente dieser Art immer nur compensirt und daher nahehin stromlos anzuwenden und die elektromotorische Kraft derjenigen, welche dauernde Ströme zu geben hatten, von Zeit zu Zeit durch die der stromlosen zu bestimmen.

Wenn wir zur Messung der elektrischen Ströme Ampère's, Volt's und Ohm's gebrauchen, ist $AJt = J^2 Wt$ die Arbeit der elektromotorischen Kraft A bei der Stromstärke J während der Zeit t, ausgedrückt in den entsprechenden Einheiten cg 10^{-9}, cm 10^9 und Secunden. Die Einheit der Arbeit wäre das von Sir *William Siemens* vorgeschlagene Watt, welches 10 Millionen Mal grösser ist, als das in g, cm und secd. berechnete Arbeitsmaass des C. G. S.-System, welches wir der Berechnung der Gasarbeit zu Grunde gelegt haben.

Wenn wir mit η die Menge Wasser bezeichnen, welche ein Ampère in der Secunde zersetzt (nach Hrn. *F. Kohl-*

*rausch**)* $\eta = 0{,}00009476$), [**660**] so ergiebt sich für die Arbeit, welche ein Ampère bei der Wasserzersetzung in der Secunde liefert:

$$A = 10^{-7} \cdot \eta \, (\mathfrak{F}_g - \mathfrak{F}_w) \, . \tag{3a}$$

Wenn wir bei der Substitution des Werthes der letzteren Parenthese aus Gleichung 3 den Werth derjenigen elektromotorischen Kraft mit A_a bezeichnen, welcher eintritt, wenn die sich entwickelnden Gase unter atmosphärischem Druck p_a stehen, so ist[64]

$$v_h = R_h \cdot \frac{\vartheta}{p_a} \quad \text{und} \quad v_0 = R_0 \cdot \frac{\vartheta}{p_a}$$

also

$$A_a = 10^{-7} \cdot \eta \Bigg[C + \mathfrak{F} \cdot \mathfrak{k}_a \cdot \vartheta \cdot \log\left(\frac{\vartheta}{\vartheta_0}\right)$$

$$+ \vartheta \Big\{ R_h \cdot \frac{2\alpha_h}{2\alpha_h + \alpha_0} \log(p_a) + R_0 \cdot \frac{\alpha_0}{2\alpha_h + \alpha_0} \log(p_a) + H_a \Big\} \Bigg]$$

$$\mathfrak{k}_a = \frac{2\alpha_h(1-e_h) + \alpha_0(1-e_0)}{2\alpha_h + \alpha_0} = 0{,}5970 \tag{3b}$$

$$H_a = H' + \mathfrak{F} \cdot \mathfrak{k}_a \log(\vartheta_0) + R_h \cdot \frac{2\alpha_h}{2\alpha_h + \alpha_0}[1 - \log R_h]$$

$$+ R_0 \cdot \frac{\alpha_0}{2\alpha_h + \alpha_0}[1 - \log R_0] \, .$$

Dagegen ist für andere Werthe des Druckes der gelösten Gase

$$A = A_a + 10^{-7} \cdot \eta \cdot \vartheta \cdot \Big\{ R_h \cdot \frac{2\alpha_h}{2\alpha_h + \alpha_0} \log\left(\frac{p_h}{p_a}\right)$$

$$+ R_0 \frac{\alpha_0}{2\alpha_h + \alpha_0} \log\left(\frac{p_0}{p_a}\right) \Big\} \, . \tag{3c}$$

Um zunächst eine angenäherte Vorstellung von dem Grade der Veränderlichkeit der elektromotorischen Kraft zu geben, benutze ich den Werth A_a, der sich mir aus den Versuchen an den barometrischen Zellen für das erste Aufsteigen von Gasbläschen ergab:

$$A_a = 1{,}6447 \text{ Volt.}$$

---

*) Pogg. Ann. Bd. 49 S. [1]75. (Dort für 1 Weber in mg gegeben.)

Wenn nur Knallgas in der Flüssigkeit gelöst ist, und wir mit $\mathfrak{p}$ den Druck bezeichnen, den das befreite Gas in einem Volumen haben würde, welches dem der Flüssigkeit gleich wäre, so ist [65]

$$\frac{2}{3}\mathfrak{p} = b_h \cdot p_h \quad \text{und} \quad \frac{1}{3}\mathfrak{p} = b_0 \cdot p_0 \quad (3\,\text{d})$$

Die Absorptionscoefficienten b sind nach *R. Bunsen* bei 20° C.

$$b_h = 0{,}0193$$
$$b_0 = 0{,}0480\,.$$

Aus diesen Daten ergiebt sich für $A = 0$, d. h. für den Druck des von selbst und ohne Zuhülfenahme einer elektromotorischen Kraft dissociirten Gases, aus Gleichung (2 b)

$$\mathfrak{p} = \frac{p_a}{3{,}420 \cdot 10^{38}} = p_a \cdot 0{,}2923 \cdot 10^{-38}\,,$$

oder $0{,}2655\,\text{g} \cdot 10^{-36}$ Knallgas im Cubikcentimeter der Flüssigkeit, während man bisher im Vacuum der besten Quecksilberluftpumpen nur etwa bis $p_a \cdot 10^{-8}$ gelangt ist*). Für alle chemischen und selbst für alle galvanometrischen [661] Prüfungen wird ein solches Quantum als unwahrnehmbar betrachtet werden müssen.

Die Differenz $(A_a - A)$ würde also durch Einführung und Steigerung einer äusseren elektromotorischen Kraft A etwa auf ein Viertel von A_a (also $A = 1{,}2$ Volts, etwa ein Daniell) zurückgeführt werden müssen, ehe das aufgelöste Gas anfangen könnte wahrnehmbar zu werden.

Wenn man das $\mathfrak{p}$ so wählt, dass es der Zersetzung durch einen Strom von einem Scalentheil meines Galvanometers während einer Secunde entspricht und das entstandene Gas in ein Cubikcentimeter der Flüssigkeit zusammengedrängt annimmt, also

$$\mathfrak{p} = \frac{\eta \cdot 10^{-9}}{v_h}\,,$$

so ergiebt sich aus den Gleichungen (3 c) und (3 d) der Werth

$$A_a - A = 0{,}33745$$
$$A = 1{,}3\,\text{Volt}.$$

---

*) *E. Bessel-Hagen* in Wiedemann's Annalen Bd. 12 S. 438.

Da etwa 100 Cubikcentimeter Wasser in meinen barometrischen Zellen waren, die bei stationärer Strömung mit jedem der Gase im Mittel halb so stark beladen sein mussten, als angenommen wurde, so hätte der Dissociationsstrom hierbei schon eine Ablenkung von einem Theilstrich durch 50 Secunden geben können. Wir können dies etwa als die Grenze seiner galvanometrischen Wahrnehmbarkeit betrachten.

Wenn dagegen die volle elektromotorische Kraft A_a eintritt, so muss die Parenthese der rechten Seite von (3c) gleich Null werden, d. h.

$$\frac{\mathfrak{p}}{p_a} = 0{,}04942 \; ,$$

was einem Strome entspräche, dessen Zeitintegral für 100 Cubikcentimeter Flüssigkeit 2176 Millionen Scalentheile mal Secunden ausmachte.

In der That haben schon meine unter dem 11. März 1880*) mitgetheilten Versuche ergeben, dass auffallend viel stärkere und andauernde Ströme auftreten, wenn die elektromotorische Kraft etwas über die Grenze von einem Daniell gesteigert wird, als bei geringeren Kräften der Fall war, und dasselbe hat sich auch regelmässig in den neueren Versuchen gezeigt. Um diese stärkeren Ströme an der Grenze der Gasentwickelung überhaupt nur beobachten zu können, musste ich den durch das Galvanometer gehenden Theil des Stromes sehr erheblich, nämlich auf $\frac{1}{630}$ herabsetzen. Die übrig bleibenden Convectionsströme entsprachen etwa 0,001 Ampère. Aber auch wenn [662] diese Stromstärken ganz zur Gasentwickelung verbraucht würden, würde es 36 Minuten dauern, ehe die zur Sättigung nöthige Gasmasse entwickelt ist. In Wahrheit dauert es viele Stunden oder selbst Tage, weil der grösste Theil des betreffenden Stromes nicht der Entwickelung, sondern nur der Diffusion des schon entwickelten Gases entspricht.

Der Temperaturcoefficient der Kraft A_a ergiebt sich aus den obigen Formeln und Werthen sehr klein, nämlich nahehin $\frac{1}{3000}$ des Werthes als Abnahme für 1° C.

Bildung der Gasblasen.

Wenn die Sättigung der den Elektroden benachbarten Schichten mit Gas gross genug geworden ist, dass bei dem

---

*) Siehe meine »Wissenschaftliche Abhandlungen« I. Bd. S. 903.

auf der Flüssigkeit lastenden Drucke sich Gasbläschen bilden können, so beginnen diese aufzusteigen. Die Gasbläschen enthalten nur das an der betreffenden Elektrode sich ausscheidende Gas und die der Temperatur entsprechende Menge von Wasserdämpfen. Sie stehen unter dem Druck der Gasmasse, die über der Flüssigkeit steht, ferner der Wassersäule, die sich über ihnen befindet, endlich der Capillarspannung der kugeligen Grenzfläche des umgebenden Wassers. Der Druck im Innern einer kugeligen Capillarfläche ist bekanntlich

$$p = \frac{2T}{r},$$

wenn r den Radius der Kugel und T die Spannung der Capillarfläche bezeichnet. Setzen wir die letztere nach den Bestimmungen von Hrn. *G. Quincke* gleich der Schwere von 8,253 mg wirkend durch ein Millimeter, so ist in einem Bläschen von 0,1 mm Radius der Druck p gleich dem von 12,14 mm Quecksilber; bei sehr feinen Bläschen von 0,01 mm Radius würde er das Zehnfache davon ausmachen. Es ergiebt sich daraus eine erhebliche Schwierigkeit für die erste Bildung der entstehenden Bläschen, welche auch in dem grossen Siedeverzug luftfreier Flüssigkeiten bekanntlich sehr auffällig hervortritt. Im Allgemeinen scheint die Bildung der Blasen an der Berührungsfläche der Flüssigkeit mit einer Wand, der sie nicht stark anhaftet, am leichtesten zu gelingen. Wie grossen Einfluss hierbei die Natur der Wand hat, ist aus dem Studium der Siedeverzüge wohl bekannt. Auch in Wasser gelöste Kohlensäure entwickelt sich viel reichlicher an Metallen, namentlich edlen, als an Glas, und an rauhen oder scharfeckigen Stellen des Glases mehr als an ganz glatten. Die elektrolytischen Gase zeigen ein entsprechendes Verhalten. Man muss anfangs eine grössere elektromotorische Kraft gebrauchen, um die ersten Blasen zu erhalten, als nachher nöthig ist, um die Entwickelung zu unterhalten. Wenn diese [**663**] begonnen hat, kann man in kleinen Schritten zu schwächeren Kräften absteigen. Dann steigen die Blasen schliesslich nur noch von einer oder einigen wenigen Stellen des Drahtes auf. Unterbricht man aber die Entwickelung auch nur auf wenige Minuten durch zu grosse oder zu schnelle Abschwächung der elektromotorischen Kraft, so muss man von Neuem eine viel grössere Kraft zur Einleitung eines neuen Blasenstroms einführen. Offenbar hat sich dann die Rissstelle zwischen

Flüssigkeit und Elektrode geschlossen, und muss neu gebildet werden.

Es kann daher der Anfang der Gasentwickelung von vielen kleinen Zufälligkeiten an der Oberfläche der Elektrode abhängen. Platinirtes Platin bildet leichter Blasen als glattes.

Auf die elektromotorische Gegenkraft des Voltameters, d. h. auf die Grösse, die man gewöhnlich als Stärke der Polarisation zu bezeichnen pflegt, muss die Gasentwickelung einen wesentlichen Einfluss haben, insofern die chemische Arbeit nach dem oben gegebenen Theorem von der Gasbeladung der letzten Flüssigkeitsschichten abhängt, und diese durch die Entwickelung der Gasblasen herabgesetzt wird. Darin könnte auch die Erklärung für die verschiedene elektromotorische Kraft der galvanischen Elemente mit einer Flüssigkeit liegen, in denen sich Wasserstoff an verschiedenen Metallen entwickelt. Wo die Blasen sich schwer bilden, wird sich der Wasserstoff in einer mit diesem Gase stärker gesättigten Flüssigkeit ausscheiden müssen, was mehr freie Energie verlangt. Dies könnte an den unedlen Metallen im Gegensatz zum Platin der Fall sein, und ihr abweichendes Verhalten erklären. Diese Umstände erschweren nun auch in hohem Grade die Messung der elektromotorischen Kräfte, welche im gegebenen Falle nöthig sind, um eine andauernde Gasentwickelung einzuleiten, und zwar ist das Hinderniss für die Blasenbildung verhältnissmässig grösser in den Fällen, wo die Flüssigkeit geringere Gasmengen enthält, weil aus diesen schwerer die Gasmenge an einem Punkte zu sammeln sein wird, welche nöthig ist, um den bei gleicher Grösse der Gasblasen gleich bleibenden Druck der capillaren Fläche im Gleichgewicht zu halten. Hierzu wird bei gleich grossen Blasen immer dieselbe Menge Gas herbeigeschafft werden müssen, während die Menge, welche den Druck der über der Flüssigkeit stehenden Atmosphäre trägt, diesem Drucke proportional ist, so dass in demselben Maasse mehr Gas zur Füllung der Blase verlangt wird, als die Flüssigkeit mehr davon enthält.

In der That fand ich, dass bei möglichst vollständiger Entfernung des Gases über der Flüssigkeit Blasen sich bei geringerer elektromotorischer Kraft entwickelten, als wenn der Druck des Knallgases über der Flüssigkeit $\frac{1}{4}$ oder $\frac{1}{2}$ Atmosphäre betrug. Aber die Unterschiede waren nicht so gross, als nach der Theorie zu erwarten wäre. Ich [664] habe Blasenbildung bei 1,5877 Volts gesehen, wenn bloss der Dampfdruck ohne messbaren Gasdruck über der Flüssigkeit lastete, und in demselben Gefässe trat die Blasenbildung erst bei 1,6314 Volts ein, als ein Druck von 380 mm Knallgas und 16 mm Wasserdampf auf der Flüssigkeit lastete. Indessen habe ich mich überzeugt, dass auch bei noch geringeren elektromotorischen Kräften, als die erstangegebene ist, das Barometer langsam fällt, selbst wenn keine sichtbare Gasentwickelung mehr stattfindet, und ich hoffe durch Bestimmung der Grenze, bis zu welcher es fällt, ein genaueres Maass für die einem bestimmten Drucke entsprechende elektromotorische Kraft zu erhalten, als die Beobachtung der Blasenbildung mir bisher ergeben hat. Solche Versuche erfordern indessen verhältnissmässig lange Zeit; deshalb kann ich sie heute noch nicht vollendet vorlegen.

Arbeit bei der Diffusion.

Wenn die Masse δm eines aufgelösten Gases aus einem gesättigteren Theile der Flüssigkeit, welche $(m + dm)$ in der Volumeinheit enthält, übergeht in einen weniger gesättigten Theil, der nur m enthält, so verschwindet freie Energie, deren Betrag nach Gleichung (2a) sein würde[66])

$$\frac{\delta}{\delta m}[\delta \mathfrak{F}] = \frac{\vartheta \cdot R}{m} \cdot \delta m \qquad (4)$$

Dieses Arbeitsäquivalent kann nur in Wärme[67]) verwandelt werden, da keine andere Form freier Energie dafür wieder auftritt. Zu der Wärmeentwickelung durch den Strom, die in den elektrolytischen Leitern der Reibung der elektrolytisch fortgeführten Jonen entspricht, wird also in denselben Flüssigkeiten auch noch eine Wärmeentwickelung durch die Diffusion der aufgelösten, elektrisch neutralen Bestandtheile kommen müssen, die den gleichartigen Jonen entgegengesetzt wandern. Wenn man jeden Process, der einen Theil der Energie der strömenden Elektricität in Wärme umwandelt, als Widerstand bezeichnen will, so wäre in der That hiermit ein Vorgang gegeben, den man als Uebergangswiderstand der Zelle bezeichnen könnte.

Wenn der oben angenommene Uebergang aus der Sättigung $(m + dm)$ in m auf der Strecke ds zu Stande kommt, so wäre der oben gegebene Werth der entsprechenden Arbeit, dividirt durch ds, die Kraft, welche jedes Theilchen der Masse m in Richtung von ds fortzutreiben sucht. Da nun diese Kraft umgekehrt proportional zu m ist, andererseits die angetriebene Masse proportional m, so wird innerhalb solcher Grenzen der Dichtigkeit des gelösten Gases, wo die Reibung, welche die diffundirende Masse gegen das Wasser erleidet, [**665**] unabhängig von deren Dichtigkeit und proportional ihrer Geschwindigkeit ist, die Strömungsgeschwindigkeit der Diffusion unabhängig vom Werthe von m und proportional zu $\dfrac{\partial m}{\partial s}$ werden müssen. Daraus ergiebt sich dann, nach den bekannten in der Theorie der Wärmeleitung angewendeten Betrachtungen, dass innerhalb solcher Grenzen, wo die genannten Bedingungen zutreffen, für jedes der Gase sei

$$\frac{\partial m}{\partial t} = - k^2 \left[\frac{\partial^2 m}{\partial x^2} + \frac{\partial^2 m}{\partial y^2} + \frac{\partial^2 m}{\partial z^2} \right] \tag{5}$$

worin m, wie vorher bestimmt, die in der Volumeneinheit aufgelöste Menge des Gases bezeichnet und k^2 eine von der Natur des Gases und der Flüssigkeit abhängige Constante.

Die Gleichung 5, deren Integrationsformen aus der Theorie der Wärmeleitung bekannt sind, mit den vorher aufgestellten zusammen genommen, erlaubt zunächst wenigstens für prismatische Formen des elektrolytischen Leiters eine ziemlich vollständige analytische Theorie der Polarisationsströme zu geben, deren Consequenzen mit der Erfahrung in allen wesentlichen Zügen zu stimmen scheinen.

Anmerkungen.

Das vorliegende Bändchen enthält die Zusammenstellung der Arbeiten, mit denen *H. von Helmholtz* in den Entwicklungsgang der reinen Thermodynamik, d. h. derjenigen Theorie der Wärme, die von specielleren kinetischen Hypothesen absieht und sich auf die Anwendung der beiden Hauptsätze beschränkt, bahnbrechend eingegriffen hat. Sie sind sämmtlich zuerst in den Berichten der kgl. preussischen Akademie der Wissenschaften zu Berlin publicirt worden. Der vorliegende Neudruck ist zunächst gleichlautend mit dem Text der ersten Veröffentlichung hergestellt; doch habe ich darin alle später vom Verfasser noch vorgenommenen Verbesserungen und Zusätze nachgetragen. Sehr auffallend und zum Theil kaum begreiflich sind eine Anzahl von Rechnungsfehlern und anderen Versehen, die sich in allen vom Verfasser selber besorgten Ausgaben gleichmässig wiederholen. Diese habe ich meistens im Text selber verbessert, jedoch in keinem Falle unterlassen, auf dieses Vorgehen ausdrücklich hinzuweisen, um dem Leser überall eine directe Controlle zu ermöglichen. Wenn hierdurch und durch Hinzufügung mancher mir nützlich erscheinenden Erläuterung die Anmerkungen des Herausgebers sich auf einen verhältnissmässig grossen Raum ausgedehnt haben, so dürfte dies Verhältniss doch in günstigerem Licht erscheinen, wenn man nicht den Umfang, sondern den Inhalt der vorliegenden Aufsätze ins Auge fasst; und sicher wird man dann keinen Nachtheil darin erblicken, wenn es sich, wie ich hoffe, findet, dass dadurch das Studium dieser für die Thermodynamik chemischer und galvanischer Vorgänge grundlegenden Arbeiten etwas erleichtert wird.

Anmerkungen.

I. Ueber galvanische Ströme, verursacht durch Concentrationsunterschiede; Folgerungen aus der mechanischen Wärmetheorie.

Berliner Monatsberichte vom 26. Nov. 1877, S. 713—726. — Wied. Ann. Band 3, S. 201—216, 1878. — Wissenschaftliche Abhandlungen Bd. I, S. 840—854, 1882. — Die letzte Veröffentlichung enthält, namentlich gegen den Schluss, eine Reihe von Aenderungen und Zusätzen, welche hier unmittelbar in den Text aufgenommen sind.

1) *Zu S. 3.* D. h. an der Kathode. Man bedenke, dass n Aequivalente des Metalls zugewandert, aber 1 Aequivalent aus der Lösung ausgeschieden ist.

2) *Zu S. 3.* D. h. an der Anode.

3) *Zu S. 4.* Dies ist nicht etwa so zu verstehen, als ob die bei derartigen Processen im Allgemeinen immer eintretenden Wärmetönungen hier vernachlässigt würden, sondern so, dass der Process in allen Theilen isotherm gehalten wird, indem jede etwa eintretende Temperaturschwankung sofort durch Ableitung oder Zuleitung von Wärme mittelst eines gleichtemperirten Wärme-Reservoirs von hinreichend grosser Capacität ausgeglichen wird. Dies ist immer möglich, wie beträchtlich auch die Wärmetönung sein mag, da man den Process beliebig langsam ausführen kann.

4) *Zu S. 4.* Es ist hier gemeint, dass die positive Elektricität von aussen in die Anode tritt und anderseits von der Kathode nach aussen abgeführt wird, dass sie also durch die Lösung in der Richtung von der Anode zur Kathode geht. Man könnte diesen Process etwa so ausgeführt denken, dass man die beiden Elektroden der Zelle leitend verbindet mit den beiden Platten eines Condensators, und nun diese beiden Platten hinreichend langsam von einander entfernt oder einander nähert, je nachdem $P_a >$ oder $< P_k$, d. h. je nachdem die mit der Anode verbundene Platte positiv oder negativ geladen ist. Dann fliesst positive Elektricität in reversibler Weise von der Anodenplatte durch die Lösung zur Kathodenplatte. Hierauf kann man die leitenden Verbindungen mit den Condensatorplatten wieder unterbrechen. Für die Berechnung der bei diesem Vorgang an der Zelle zu leistenden Arbeit kommt ausser der direkten mechanischen Arbeit auch die elektrostatische Energie des Condensators in Betracht. Diese ändert sich in zweifacher Weise: einmal wegen der Lagenänderung

Anmerkungen. 75

der Platten, und zweitens wegen des Uebergangs von Elektricität von der einen auf die andere Platte. Der erste Theil der Energieänderung wird gerade compensirt durch die bei der Bewegung der Platten geleistete mechanische Arbeit, es bleibt also der zweite Theil allein übrig; d. h. die durch den Uebergang der Elektricitätsmenge E von der Anodenplatte zur Kathodenplatte bedingte Abnahme der elektrostatischen Energie des Condensators: $E(P_a - P_k)$ stellt die ganze für den betrachteten Vorgang in der Zelle aufgewendete äussere Arbeit vor, wie im Text angegeben.

Auch durch magnetische Inductionswirkungen lässt sich Elektricitätsübergang von der Anode durch die Lösung zur Kathode in reversibler Weise herbeigeführt denken. Man verbinde z. B. die Anode durch einen Schleifcontact mit der Mitte, die Kathode mit einem Pole eines cylindrischen um seine Axe rotirenden Magneten. Dann kann man die Rotationsgeschwindigkeit so einrichten, dass die elektromotorische Kraft der so geschlossenen galvanischen Kette nahezu compensirt wird durch die der unipolaren Induction, und nur ein beliebig schwacher Strom in beliebiger Richtung durch die Lösung geht. Die auf die Rotation des Magneten verwendete Arbeit gibt dann unmittelbar die äussere Arbeitsleistung $E(P_a - P_k)$.

5) *Zu S. 5.* Der Verf. stellt sich hier vor, dass zu der thatsächlichen Bewegung der Jonen im Wasser noch eine Verschiebung der ganzen Salzlösung, und zwar an jeder Stelle gerade entgegengesetzt der Geschwindigkeit der wandernden Anionen, hinzugefügt wird, welche natürlich an sich keinen Energieaufwand erfordert, und erreicht dadurch, dass die Anionen im Raume ihre Stelle behalten, während nur die Kationen und das Wasser sich bewegen. Dann ist zur genauen Herstellung des anfänglichen Zustandes der Lösung, und also zur Schliessung des Kreisprocesses, nur noch der im Folgenden beschriebene Verdampfungs- und Condensationsvorgang nöthig.

6) *Zu S. 5.* In der folgenden Formel bedeutet $q(1-n)u \cdot dy \cdot dx$ die durch die Seitenfläche $dy\,dz$ in das betrachtete Volumenelement einströmende Wassermenge. Durch die gegenüberliegende Seitenfläche strömt andererseits diejenige Wassermenge aus, welche sich ergibt, wenn in dem vorstehenden Ausdruck $x + dx$ statt x gesetzt wird.

7) *Zu S. 6.* p_1 ist als ein ganz willkürlich gewählter Normaldruck, etwa eines Dampfreservoirs, zu denken, der nur hinreichend klein genommen werden muss.

Anmerkungen.

8) *Zu S. 6.* Nämlich wenn der Druck des Dampfes gleich der Spannkraft des gesättigten Dampfes über der betreffenden Lösung geworden ist.

9) *Zu S. 7.* Es versteht sich, dass der Process nicht nur isotherm und reversibel, sondern auch ein Kreisprocess sein muss. Wegen der Anwendung des zweiten Hauptsatzes vgl. z. B. die Vorlesungen des Herausgebers über Thermodynamik, § 139.

10) *Zu S. 8.* Diese Worte, welche sich sowohl in der ersten als auch in den beiden folgenden Ausgaben der Abhandlung finden, beruhen gleichwohl offenbar auf einem Versehen, da sie weder mit dem Vorhergehenden noch mit dem Nachfolgenden einen Sinn ergeben. Es muss vielmehr heissen: »der dem Sättigungszustand des Dampfes über der betreffenden Lösung entspricht.« V ist das Volumen der Masseneinheit Dampf im Zustand der Sättigung. Die Arbeit W besteht aus zwei Theilen: erstens der Ausdehnungsarbeit des gesättigten Dampfes bei constantem Drucke p vom Volumen Null bis zum Volumen V, zweitens der Ausdehnungsarbeit des isolirten Dampfes vom Volumen V bis zum Volumen V_1, welches dem oben eingeführten Normaldruck p_1 entspricht. $\mathfrak{W}$ ist die bei dem betrachteten Verdampfungsvorgang im Ganzen gewonnene äussere Arbeit. Daher ist $\mathfrak{W}$ direct, nicht entgegengesetzt, gleich der im elektrischen Process aufgewendeten Arbeit: $\mathfrak{W} = J(P_a - P_k)$, vgl. Seite 9.

11) *Zu S. 8.* Man bedenke, dass $\dfrac{\partial \Phi}{\partial x} = q(1-n)\dfrac{\partial W}{\partial x}$ u. s. w.

12) *Zu S. 9.* Bei der Integration über eine Elektrodenfläche tritt nämlich Φ als constant vor das Integralzeichen, und das übrig bleibende Integral stellt die gesammte Stromintensität J vor, und zwar für die Anode mit positivem Vorzeichen, da hier der Strom in die Flüssigkeit eintritt, und folglich die Normale (a, b, c) nach dem Innern der Flüssigkeit zu gerichtet ist.

13) *Zu S. 9.* Denn wenn $P_k - P_a > 0$, so fliesst die positive Elektricität, falls die beiden Elektroden metallisch verbunden werden, direct von der Kathode zur Anode, d. h. durch die Zelle von der Anode zur Kathode.

14) *Zu S. 10.* Denn sowohl $(1-n)$ als auch $(qp_0 - b)$ ist positiv; das Integral besitzt also das Vorzeichen von $(q_a - q_k)$.

Anmerkungen.

15) *Zu S. 11.* Denn mit wachsender Verdünnung wachsen q_a und q_k unbegrenzt, während q_0, welches nur von der Natur des Salzes abhängt, constant bleibt.

16) *Zu S. 11.* Soll heissen: mit der Gewichtseinheit.

17) *Zu S. 12.* Diese Form der Interpolationsformel ist deshalb gewählt, damit sich die Ausführung der Integration in Gleichung 4e besonders einfach gestaltet. Denn man kann dann $\dfrac{dq}{q-q_0} = \dfrac{dS}{S-S_0}$ setzen und dadurch $S-S_0$ im Zähler und Nenner fortheben.

18) *Zu S. 14.* Hier bedeutet natürlich J auf jeder Seite der Gleichung etwas Anderes, nämlich links die Stromstärke in elektromagnetischem Maass, rechts dieselbe Stromstärke in elektrostatischem Maass gemessen.

19) *Zu S. 14.* Siehe Anmerkung 16 zu Seite 11.

20) *Zu S. 15.* $\dfrac{q}{S}$ ist die Menge Kupfervitriol in g, welche durch die elektrostatisch gemessene Stromeinheit in einer Secunde zersetzt wird. (Das »elektrolytische Aequivalent« des Kupfervitriols in elektrostatischem Maasse). S ist eine reine Zahl.

21) *Zu S. 15.* Dass der Werth von $\mathfrak{E}$ nicht bekannt zu sein braucht, erkennt man leichter unmittelbar aus der Gleichung 4e Seite 10, welche in genau der nämlichen Form gültig bleibt, wenn man sowohl P als auch q in elektromagnetischem Maasse ausdrückt. Denn der Quotient $\dfrac{P}{q}$ ist sowohl im elektrostatischen als auch im elektromagnetischen Maasse von der Dimension einer Energie dividirt durch eine Masse.

22) *Zu S. 15.* Man substituire in der letzten Gleichung für $\mathfrak{A}$ den Werth $\dfrac{A \mathfrak{A}_p}{1000}$ und für den natürlichen Logarithmus nach Gleichung 6a die Grösse $\dfrac{A \eta_1}{\log \text{brigg } e}$.

II. Die Thermodynamik chemischer Vorgänge.

Berliner Sitzungsberichte vom 2. Februar 1882. S. 22—39.
Wissenschaftliche Abhandlungen. Band II, S. 958—978, 1883.

23) *Zu S. 17.* Diese Beschränkung ist etwas zu eng gefasst und wird durch den folgenden Satz, der auf die Möglichkeit der

78 Anmerkungen.

Verwandlung von Wärme in Arbeit bei gleichmässiger constant gehaltener Temperatur hinweist, sachgemäss erweitert.

24) *Zu S. 19.* Vgl. Band Nr. 101 der »Klassiker«.

25) *Zu S. 19.* Vgl. die vorstehende Abhandlung.

26) *Zu S. 20.* Vgl. oben Anmerkung 4 zu Seite 4.

27) *Zu S. 21.* D. h. treibt man positive Elektricität $d\varepsilon$ entgegengesetzt der elektromotorischen Kraft p des Elements durch dasselbe hindurch, so wird in dem Element Wärme entwickelt oder absorbirt, je nachdem die elektromotorische Kraft p mit der Temperatur ϑ wächst oder abnimmt.

28) *Zu S. 22.* Die erstere Arbeit ist nämlich $\mathfrak{J} \cdot dQ$, die letztere $p \cdot d\varepsilon$, und das Verhältniss beider Grössen ist in dem besprochenen Fall, bezogen auf die Temperatur $\vartheta = 273 + 25$:

$$298 \cdot \frac{0{,}08}{100} = \frac{1}{4{,}2}.$$

29) *Zu S. 25.* Hierin steckt noch die Voraussetzung, dass der allgemeine Ausdruck der frei verwandelbaren Arbeit das Differential $d\vartheta$ nicht enthält, und dadurch wird die Wahl der Parameter p_α von vorneherein in gewisser Weise beschränkt. So darf man z. B. bei der einfachen Ausdehnung und Erwärmung eines Gases als Parameter hier nicht etwa den Druck wählen, sondern nur das Volumen oder die Dichtigkeit. Vgl. hierzu den nachträglichen Zusatz des Verf. am Schluss dieses Aufsatzes, S. 36.

30) *Zu S. 25.* Sowohl die erste Publication, als auch der vom Verf. besorgte Abdruck in den Wissenschaftlichen Abhandlungen enthält hier noch den Factor $d\vartheta$, den ich als einen sinnstörenden Druckfehler im Text unterdrückt habe.

31) *Zu S. 28.* Man integrire sowohl den Ausdruck für $\dfrac{\partial^2 \mathfrak{F}}{\partial \vartheta^2}$ als auch den für $\vartheta \cdot \dfrac{\partial^2 \mathfrak{F}}{\partial \vartheta^2}$, jedesmal von ϑ_0 bis ϑ_1, multiplicire die erste der beiden Integralgleichungen mit ϑ_1 und subtrahire dann, unter Berücksichtigung der Gleichung 1g für S_0.

32) *Zu S. 29.* Diese directe Bezugnahme auf die beiden mehrere Absätze vorher erwähnten Constanten $\mathfrak{F}_0$ und S_0 lässt vermuthen, dass der Verf. den dazwischen liegenden Passus erst nachträglich eingeschaltet hat. In demselben gibt er den Veränderlichen S, $\mathfrak{F}$, ϑ manchmal den Index 1, im Anschluss an Gleichung 11, manchmal nicht. Ich habe der Gleichmässigkeit halber den Index überall fortgelassen.

Anmerkungen. 79

33) *Zu S. 32.* D. h. die Temperatur ist hierbei nicht, wie bei isothermen Processen, constant und bekannt, sondern sie ändert sich mit den Parametern p_a und ist durch die adiabatische Bedingung aus diesen zu berechnen.

34) *Zu S. 33.* Denn nach Gleichung 1m ist für jeden reversibeln Kreisprocess: $\int dW = - \Im \int S d\vartheta$, oder, da:
$$S d\vartheta = d(S\vartheta) - \vartheta dS$$
$$\int dW = \Im \int \vartheta dS .$$

35) *Zu S. 35.* Etwas ausführlicher lautet diese Schlussweise folgendermaassen: Wenn eine unendlich kleine positive Aenderung $\delta \Im$ der freien Energie eintreten könnte, ohne dass reversible äussere Arbeit aufgewendet wird, so liesse sich diese Aenderung, nachdem sie eingetreten ist, durch einen Process rückgängig machen, welcher mit positiver Arbeitsleistung verbunden ist. Dann hätte man im Ganzen einen Kreisprocess, durch welchen positive Arbeit geleistet, also Wärme in Arbeit verwandelt ist, ohne dass dieser Verwandlung eine äquivalente Compensation gegenübersteht, was dem zweiten Hauptsatz der Thermodynamik widerspricht.

36) *Zu S. 35.* Unter $\delta\Im$ ist hier nicht mehr eine beliebige mögliche, sondern diejenige virtuelle Veränderung von $\Im$ verstanden, welche der beginnenden Dissociation (bei constant gehaltener Temperatur) entspricht. Ist $\delta\Im$ negativ, so tritt diese Veränderung wirklich ein.

37) *Zu S. 36.* Diese Ueberführung ist irreversibel zu denken.

38) *Zu S. 36.* Vgl. oben Anmerkung 29 zu Seite 25.

III. Zur Thermodynamik chemischer Vorgänge.

Berliner Sitzungsberichte vom 27. Juli 1882. S. 825—836.
Wissenschaftliche Abhandlungen Bd. II. S. 979—992.

39) *Zu S. 38.* Für diesen Fall ergiebt die Theorie allerdings nicht, wie bei den Concentrationsketten, den absoluten Werth der elektromotorischen Kraft eines einzelnen Elements, sondern nur die Differenz der elektromotorischen Kräfte zweier solcher Elemente, welche die nämliche Flüssigkeit (z. B. Chlorzinklösung) in verschiedener Concentration enthalten.

40) *Zu S. 40.* Die hier benutzte Definition der freien Energie $\Im$ weicht insofern von der in dem vorigen Aufsatz, Seite 26 und 29 gegebenen ab, als hier die freie Energie des

reinen Wassers und die des festen Salzes bei der betrachteten Temperatur unter gewöhnlichem Druck gleich Null gesetzt ist. Dies muss für etwaige allgemeinere Schlussfolgerungen, namentlich beim Uebergang zu anderen Temperaturen, beachtet werden.

41) *Zu S. 41.* Der Sinn des Integrals ist unmittelbar weiter unten erklärt. Dort wird zu dem Betrag des Integrals noch der Factor dw mitgerechnet, der streng genommen nicht dahin gehört; daher wird er auch nachher wieder weggelassen.

42) *Zu S. 42.* Dies ergiebt sich am einfachsten, wenn man in das Dimensionszeichen der Arbeit: $[GC^2S^{-2}]$ für G 10^{11}, für C 10^{-9} und für S 1 einsetzt.

43) *Zu S. 42.* A ist nicht etwa die elektromotorische Kraft des Elements selber, sondern unterscheidet sich von dieser noch durch eine additive, von der Natur der Elektroden und der Lösung abhängige Constante, welche erst nachher bei der Differentiation bez. Subtraction fortfällt.

44) *Zu S. 43.* Unter Berücksichtigung von Gleichung 1c, Seite 40.

45) *Zu S. 45.* D. h., wenn W positiv ist, so ist $\dfrac{\partial W}{\partial h}$ negativ, also nach Gleichung 4b

$$\frac{\partial}{\partial \vartheta}\left\{\frac{\partial A}{\partial h}\right\} < \frac{1}{\vartheta}\frac{\partial A}{\partial h}.$$

46) *Zu S. 45.* In beiden Originalausgaben haben die drei letzten Gleichungen falsche Vorzeichen, wodurch gerade die wichtige Endformel für die Verdünnungswärme entstellt wird. Ich habe die Berichtigung direct im Text vorgenommen.

47) *Zu S. 46.* Die Zahl für $P_0 V_0$ ergiebt sich, wenn man den Druck einer Atmosphäre in absolutem Maass: $1\,013\,700$ dividirt durch die specifische Dichte des Wasserdampfes: $0{,}623 \cdot 0{,}001\,293$.

48) *Zu S. 49.* Dass $\dfrac{\partial A}{\partial h}$ positiv ist, folgt aus Gleichung (2d) S. 43.

49) *Zu S. 49.* S. Seite 38.

50) *Zu S. 49.* S. Seite 21 f.

51) *Zu S. 49.* Das ist die Grösse A in Gleichung (2c), S. 42.

52) *Zu S. 49.* Hier steht in beiden Originalpublicationen h, was wohl auf einen Druckfehler zurückzuführen ist.

IV. Zur Thermodynamik chemischer Vorgänge.
Folgerungen, die galvanische Polarisation betreffend.
Berliner Sitzungsberichte vom 31. Mai 1883. S. 647—665.
Wissenschaftliche Abhandlungen Band III, S. 92—114.

53) *Zu S. 52.* Vgl. Anmerkung 29 zu Seite 25.

54) *Zu S. 56.* Diese Berechnung ist vom Verf. gegen die erste Publication geändert worden. (Vgl. Wiss. Abh. Bd. III, S. 74, S. 97.)

55) *Zu S. 57.* Hier und in den nächstfolgenden Zeilen finden sich in beiden Originalausgaben viermal die Bezeichnungen »Anode« und »Kathode« verwechselt, was ich unmittelbar im Text berichtigt und dadurch kenntlich gemacht habe, dass ich die von mir vorgenommenen Aenderungen mit Anführungszeichen versah. So auffallend und von vorneherein unwahrscheinlich eine solche Verwechslung von Seiten des Verf. selber erscheinen mag, so ist es mir doch nicht möglich gewesen, in den ursprünglichen Wortlaut einen Sinn hineinzubringen.

56) *Zu S. 60.* Es ist nämlich, da die specifische Wärme des flüssigen Wassers $= 1$:

$$U_w = \mathfrak{J}\vartheta + \text{const.}$$

und, da 1 g Knallgas aus $\dfrac{2\alpha_h}{2\alpha_h + \alpha_0}$ g Wasserstoff und $\dfrac{\alpha_0}{2\alpha_h + \alpha_0}$ g Sauerstoff besteht:

$$U_g = \mathfrak{J}\frac{2\alpha_h}{2\alpha_h + \alpha_0}\gamma_h\vartheta + \mathfrak{J}\frac{\alpha_0}{2\alpha_h + \alpha_0}\gamma_0\vartheta + \text{const.}$$

57) *Zu S. 61.* Dies ist so zu verstehen, dass man in die Beziehung zwischen U und $\mathfrak{J}$ zuerst U_g und $\mathfrak{J}_g$, dann U_w und $\mathfrak{J}_w$ einsetzt, hierauf die beiden daraus entstehenden Gleichungen von einander subtrahirt und endlich die Integration nach ϑ ausführt.

58) *Zu S. 61.* Hier wird, entsprechend der Gleichung (1f), Seite 26, die negative Abgeleitete der freien Energie $\mathfrak{F}$ nach dem Volumen der in 1 g Knallgas enthaltenen Menge eines einzelnen Gases gleich dem Druck dieses Gases gesetzt. Dabei ist wichtig zu beachten, dass die beiden Einzelgase als getrennt, nicht als gemischt angenommen sind.

82   Anmerkungen.

59) *Zu S. 62.* In beiden Originalausgaben hat in Gleichung (1c) die Grösse H ein falsches Vorzeichen, welches sich auch durch die folgenden Gleichungen hindurchzieht.

60) *Zu S. 64.* Denn wenn man in Gleichung (2) p und m durch p_1 und m_1 ersetzt, so folgt daraus unmittelbar: $m_1 : m = p_1 : p$.

61) *Zu S. 64.* Die folgende Gleichung giebt die Aenderung der freien Energie bei der isothermen Zersetzung von 1 g Wasser und Auflösung der getrennten Zersetzungsproducte (Wasserstoff und Sauerstoff) in Wasser. $\mathfrak{F}_g$ bezieht sich nicht mehr, wie in Gleichung (1c), auf die getrennten freien, sondern auf die getrennten gelösten Gase, welche in 1 g Knallgas enthalten sind. Dabei ist die Quantität der Lösung immer so gross vorausgesetzt, dass die Concentration derselben durch die Auflösung der genannten Gasmengen nur unmerklich geändert wird. Die Gleichung (3) entspringt aus der Addition von (1c) und (2a), wenn man in letzterer für dm die in 1 g Knallgas enthaltene Menge Wasserstoff bez. Sauerstoff setzt. Dabei wird v_h bez. v_0 in (1c) identificirt mit v_1 in (2a), und was in (2a) mit v bezeichnet ist, wird jetzt v_h bez. v_0 genannt.

62) *Zu S. 65.* Denn würde in irgend einem Augenblick thermodynamisches Gleichgewicht herrschen, d. h. würde $\mathfrak{F}_g - \mathfrak{F}_w$ in Gleichung (3) gerade durch die äussere elektromotorische Kraft compensirt, so müssten sich im nächsten Augenblick in Folge eintretender Diffusion nach dem Innern die Concentrationen der Lösungen an den Elektroden in ausgleichendem Sinne ändern, d. h. v_h und v_0 müssten wachsen, in Folge dessen $\mathfrak{F}_g - \mathfrak{F}_w$ abnehmen, und daher neue Zersetzung stattfinden.

63) *Zu S. 65.* Weil die Störungen in der Regel im Sinne fortschreitender Diffusion wirken werden.

64) *Zu S. 66.* Man beachte in der folgenden Gleichung den Seite 60 gegebenen Zusammenhang der Grössen $\mathfrak{f}$, γ und c, sowie den Seite 62 gegebenen Werth von H.

65) *Zu S. 67.* Wenn $\mathfrak{p}$ der Druck des Knallgases ist, so ist $\frac{2}{3}\mathfrak{p}$ der Partialdruck des Wasserstoffs, $\frac{1}{3}\mathfrak{p}$ der Partialdruck des Sauerstoffs, folglich die in dem Volumen V der Flüssigkeit befindliche Menge Wasserstoff $\dfrac{2}{3}\dfrac{\mathfrak{p}V}{\vartheta R}$ g. Dies in Gleichung (2) für m eingesetzt ergiebt die Gleichung im Text. Analoges gilt für Sauerstoff.

Anmerkungen.

66) *Zu S. 71.* Man setze in Gleichung (2a) $\delta\mathfrak{F}$ und δm statt $d\mathfrak{F}$ und dm, und differentiire dann auf beiden Seiten nach m, wobei m_1 und δm constant bleiben. Bezüglich des Vorzeichens ist zu beachten, dass $\delta\mathfrak{F}$ hier die **Abnahme** der freien Energie bedeutet.

67) *Zu S. 71.* Correcter: »und in gebundene Energie« (Seite 33), letzteres sogar in weitaus vorwiegendem Maasse. Auch bei der Diffusion zweier Gase wird die freie Energie, welche dabei verloren geht, zum wesentlichen Theil nicht in Wärme, sondern in gebundene Energie verwandelt.